正面管教：
帮您教孩子正确高效
上网全攻略

蒋平 ◎著

中国纺织出版社

图书在版编目（CIP）数据

正面管教：帮您教孩子正确高效上网全攻略／蒋平
著 . -- 北京：中国纺织出版社，2020.5
ISBN 978-7-5180-4807-6

Ⅰ．①正… Ⅱ．①蒋… Ⅲ．①互联网络－安全教育
Ⅳ．①TP393.4

中国版本图书馆 CIP 数据核字（2018）第 050005 号

责任编辑：张　宏　　责任校对：寇晨晨
责任设计：师卫荣　　责任印制：储志伟

中国纺织出版社出版发行
地址：北京市朝阳区百子湾东里 A407 号楼　邮政编码：100124
销售电话：010 － 67004422　传真：010 － 87155801
http://www.c-textilep.com
官方微博 http://weibo.com/211988771
佳兴达印刷（天津）有限公司印刷　各地新华书店经销
2020 年 5 月第 1 版第 1 次印刷
开本：710×1000　1/16　印张：9.5
字数：102 千字　定价：36.80 元

凡购本书，如有缺页、倒页、脱页，由本社图书营销中心调换

前　言

　　"互联网+"时代是全方位的数字化时代，"00后""10后"的新一代孩子都是伴随着网络成长起来的"数字原住民"，在他们心中，网络已经成为生活中必不可少的一部分。网络就是他们的日常生活，他们就是互联网的主宰。他们在网上聊天、交友，发表自己的言论，分享自己的心情，每天更新自己的动态，畅玩游戏，享受购物。现实生活中存在的同样存在于他们的网络生活中。数字化生活就是他们必须面对与适应的生存方式。

　　网络的双面性和青少年心智的不成熟、缺乏自控力也让父母们担心，过度上网游戏、娱乐、聊天等，会转移孩子的注意力，因而常常限制孩子对这些功能的使用；同时，父母又希望孩子能够充分利用网络的知识学习、资讯传播等有益的功能。然而，游戏、娱乐是孩子天性，而正如尼尔·波兹曼所说的，"书本学习是不自然的，因为它要求儿童、青少年精神高度集中和镇定，而这些恰好跟他们的本性背道而驰。"父母管教的初衷与孩子天性的矛盾，成了双方战争的"导火索"，或是亲子间的无休止的捉迷藏。父母的管教对孩子成了"捆仙绳"，或是孩子隐私的干预者。

　　作为数字原住民的这些孩子，与网络沉迷又有着千丝万缕的联系。由于上网所带来的快感，使其一直有着生理和心理上的依赖，进而引发一系列的行为和冲动控制上的问题。很多父母发现孩子上网后就失去了原本乖巧可爱的样子，行事偏执，具有暴力倾向。一些孩子养成了不良的上网习惯，缺少对网络信息的深刻加工，更没有深刻的理解，大脑被束缚和惰化，只是利用网络进行娱乐，这不仅使本应不断储蓄的身心健康和知识财富在不断流失，而且使孩子忽视了网络本应有的辅助学习的功能，沉迷网络中而难以自拔，以致成绩下降，荒废学业，甚至走向歧途。

如何更好地引导和监督孩子上网，预防孩子网络沉迷，真正有效地利用网络发挥其应有的功能，是许多父母面临的问题。很多父母会说"真不知要怎样管教这个孩子"或者"这个孩子真难管"。这些问题时常困扰着父母，令他们头疼。

我们经常说，教育孩子要正面管教，正面管教是一种积极的管理理念和方式，是一种既不惩罚孩子也不骄纵孩子的管教方法，是对孩子最好的教育。预防孩子网络沉迷，帮助孩子走出网瘾的泥沼，都需要正面管教。传统的那种运用权威去压制孩子，打骂、命令、断网的方式只会造成孩子与父母的对抗，同时还会对孩子的心灵造成伤害。因此，传统的家庭教育方式需要转向，运用正面管教的方法，帮你的孩子高效上网，才是科学的选择。

本书倡导全面的正面管教，不打、不骂的温暖教养方式，倡导父母做好修行，做好"数字移民"，还要从改善家庭环境，改善亲子关系做起，尊重孩子，倾听孩子，真正走进孩子的内心世界，引导孩子绿色上网、健康上网、安全上网、文明上网，使网络成为孩子的好帮手，促使孩子走上学习和生活的正轨，让孩子"安全驾驶"在互联网的高速公路上，也让父母走出孩子上网、自己迷惘的困局。

目　录

第8章　健康上网，预防网瘾

第1章

教子先育己——网络时代，
父母需要一场修行

　　养育孩子是一场修行，养育的是孩子，修行的却是我们父母自己。网络时代，身为父母，只有不断地自我成长，才能跟上孩子成长的脚步。只有父母自己变得成熟，了解网络，懂得网络，才能更好地引导孩子接触网络。

1. 信任，是最好的教育

有的父母会说："我一听说孩子上网就紧张得不得了，如果支持孩子上网，孩子还不知道要怎么沉迷网络呢。"然而，父母这样反对和禁止孩子上网，不仅没有让孩子打消上网的念头，而且还会让孩子沉迷上网的现象越来越严重，学习成绩越来越差。那么鼓励孩子上网是不是会让孩子更加沉迷上网呢？

你反对孩子上网，孩子就不上网了吗？父母不知道，禁止孩子上网是诱发孩子沉迷网络的直接原因之一。刚开始进入独立阶段的孩子，寻求独立的意识更为强烈，逆反心理也很强，越是禁止的东西他就越是觉得好奇，越要去探一个究竟。父母反对和禁止孩子上网的心理效应，就是激发孩子的欲望，孩子想方设法也要去上网，对网络活动更加投入，沉迷的速度越快。研究表明，被父母禁止上网的孩子，沉迷网络的可能性很高。

小煜的父母都是程序员，家里有间电脑机房，三台电脑排开，小煜的电脑在中间。小煜在 4 岁多就开始玩电脑游戏，市场上一推出新的网游，只要适合他的，妈妈就会给他下载安装在电脑上，带着孩子一起玩。到小煜上小学三年级时，父母就鼓励小煜上网冲浪，不过此时的小煜对网络海洋的遨游失去了新鲜感，只是偶尔进入论坛"打个铁"，或"百度"一下游戏秘籍。四年级的寒假，妈妈又鼓励小煜上网、交网友，还帮他注册

QQ 号，带他打游戏。

现在，小煜丝毫不迷恋网络游戏和网友聊天等活动，只是有时候会请妈妈向他代网友问好。五年级时，小煜的很多同学开始出入网吧。小煜妈妈并不反对他去网吧，因为那里有很多计算机使用得很出色的人，可以让孩子学到很多东西。只是为了防止小煜在网吧学坏，只能自己多关注和引导了。于是母子俩经过一番商谈后，签订了上网协议，对小煜的上网行为约法三章，并规定了相应的处罚措施。小煜去了三四天后，就不去网吧了，他说网吧环境太差，不如在家玩游戏舒服。

后来，妈妈开始鼓励小煜到雅虎英语聊天室去聊天，小煜在那里认识了世界各地的朋友，还和他们进行邮件往来。在聊天和邮件中，小煜竭力介绍中国的文化，介绍长城、庐山、北京等地方。小煜的英语实际运用能力也有了很大的提高。带着儿子在网络中一步步走来，小煜妈妈觉得网络真的很好，它让孩子更容易地汲取知识。

●不要试图阻止孩子触网

对于孩子来说，不让他们接触电脑和网络是一种损失与缺憾。阻止他们上网聊天、打游戏也是一种愚昧和残忍。此时，就要我们用父母的智慧与经验去指导孩子明确网络规范，监督他们下载和进行网络游戏，或者平时遇到要解决的问题时，马上让孩子上网上查找解决的方法，以引导孩子的思维。

"互联网＋"时代，对于孩子上网，我们不应该采取堵的方法，而应疏和导。唯有如此，孩子才不至于落后于时代，不至于误入歧途。目前，政府打击各种黄、赌、毒网站的力度非常大，力图为青少年创造一个绿色健康、安全洁净的网络环境，极大地减轻了父母的后顾之忧。所以，有条件、有能力的父母应适时给孩子们购置电脑和安排上网。父母也不妨和孩子一起上网，帮孩子辨别是非曲直，这也是防止孩子沉迷网络的一个好办法。

●给孩子充分的信任

很多父母担心孩子上网会花费学习时间，导致学习成绩下降，对孩子不信任，孩子一出门就怀疑孩子逃学去网吧；一看到孩子关起门来上网，就怀疑孩子在浏览不健康网站；看到孩子和异性在一起，就批评孩子不该太早恋爱，等等。父母要与孩子建立信任的关系，给孩子充分的信任，相信孩子就是相信自己。

那些主动支持和鼓励孩子上网，并给孩子必要的上网教育引导和管理的家长，其孩子最终沉迷网络的可能性要小得多。其心理机制就是，父母满足了孩子上网的心理需求，让孩子觉得父母是讲情讲理的，父母的教育就会有威信，父母说的话孩子就能听进去，父母的教育和要求就会被孩子接受，孩子就会考虑父母的感受而对上网有所节制。

很多孩子在父母禁止其上网时，会用"不可理喻"几个字来形容父母。"父母不让我做的，我偏要去做。"这就是被父母禁止上网的孩子，一般都会转向网络的心理原因。既然如此，不如做一个开明的父母，主动支持和鼓励孩子健康上网，信任孩子。父母的信任和肯定是孩子最重视的。如果父母对他们的行为产生怀疑，心理脆弱的孩子会因为神经过敏而对父母感到失望，从而变得郁郁寡欢，影响学习。

被父母信任的孩子自然会自觉，不会沉迷上网。可见，信任，是最好的教育。

●鼓励孩子上网绝不是放任自流

鼓励孩子上网绝不是就此放任自流，而是需要父母的适当监督。建议父母可以这样做：1.手机管制，手机不能放在孩子身边或带到学校，只能在每天放学做完作业后，才能给孩子手机；2.订立规矩，父母要有家规意识，就孩子上网问题定出规则；有问题先请教父母，不行再上网查询，这样还可以增加亲子交流机会；3.严格管教,鼓励孩子上网也是一把双刃剑,父母要对孩子偷偷上网打游戏或浏览不良网站、信息进行严格监督。

2. 做与时代同行的父母

今天，全方位的数字化时代已经来临，新一代的孩子都是伴随着网络成长起来的"数字原住民"。而父母在家庭教育的问题上须明确，重视教育跟懂得教育毕竟是两码事，懂今天的教育不等于懂得明天的教育。如果父母没有超前的眼光，常常会非常被动。父母都是业余选手，自己的一句话、一种行为都会给孩子留下深远的影响，网络时代的发展日新月异，当孩子一天止步不前，就会被甩掉一大步。

2018 年，许军以 731 分的高分考上了清华大学，让许军的舅舅相当惊讶。因为从初中开始，许军就进入了青春叛逆期，抽烟、酗酒、早恋、打架，经常通宵上网打游戏，学习成绩像过山车一样下滑。许军的爸爸为此成了老师约谈的常客。许军爸爸打骂都无济于事，然后又给他找了很多补习班，结果一点效果没有。后来，许军舅舅询问了自己的姐姐，才了解到真相。

许军妈妈虽说并非"虎妈"式地对孩子进行教育，但对孩子的管控确实还是比较严格，为了防止孩子过度上网，许军用电脑和手机的时间都会用分钟来计。许军做作业时，都会打起精神给许军"陪读"，希望他能认真学习，但越是这样，许军对学习越反感。为此，母子俩都感觉很累。

一次，许军妈妈在微信朋友圈中看到一篇文章，引起了自己的反思：

我是不是对孩子控制得太紧了？于是，许军妈妈开始试着对孩子"放手"，让孩子自在上网。妈妈的接纳、信任和鼓励，让许军开始接受妈妈。许军妈妈开始认识到，一个智慧妈妈，要想让孩子变得优秀，需要走进孩子的世界。孩子成长在互联网时代，如何正确引导孩子用网才是成败的关键。

许军妈妈想到，孩子从小就对网络兴趣满满，网络学习已经是大趋势了，为什么不让孩子通过互联网学习呢？用孩子感兴趣的方式，说不定能激起孩子对学习的兴趣呢。为此，许军妈妈下载了一个"家有学霸"APP，帮许军约了一节课试听，没想到一下子就改变了许军对学习的态度，并且把许军从游戏中拉了出来。许军的成绩也有了提高。

由此可见，在家庭教育的问题上，父母不能固守传统的观念，需要有超前眼光，接受"互联网+"时代带来的挑战，把握家庭教育的主动权。

● 网络时代家庭教育的挑战

网络给家庭教育确实带来了很大的挑战。不少父母开始感叹，自己对孩子的事情知道得越来越少了。父母片面关注孩子的学习成绩，却忽视了与孩子间思想、情感上的沟通，使得亲子间出现了隔膜。孩子们心理变得压抑，网络则成了很好的宣泄通道。再加上网络本身的无约束性，使得孩子很容易陷进网络而无法自拔。在互联网时代潮流面前，一些父母常常感到力不从心，有的依然摆出传统的父母权威，一味"追堵打压"。

当下，信息化浪潮猛烈冲击着传统的家庭教育，大数据、云计算、微课、慕课、网校、翻转课堂、混合教学、颠倒教室等"互联网+教育"使得传统的家庭教育日益成为父母的知识"短板"。另一方面，网络猛烈冲击着父母的亲和力。网络介入家庭生活后，孩子把大量的时间用于上网，学习、交友、游戏、娱乐，使得父母越来越被淡漠、被边缘化。父母的知识权威性受到了网络的空前挑战。如果父母仍停留在传统的教育观念、思想上，就很难和孩子交流。因此，父母不能再做被动的父母，要做有准备、有超前眼光的父母，积极主动地和孩子一起去探索数据世界的奥秘。

● 当务之急的不是教育孩子，而是教育父母

优秀孩子多是优质教育的结果，问题孩子多是问题家庭的产物。孩子的问题大多不是孩子自身造成的，而是父母问题的折射，父母常常是孩子问题的最大制造者，同时也是孩子改正错误与缺点的最大障碍者。当务之急的不是教育孩子，而是教育父母，没有父母的改变就没有孩子的改变。

许多孩子一回到家，就拿起父母的手机，熟练地玩起了"吃鸡""开心消消乐""王者争霸"，甚至刷新了父母的游戏纪录；打开微信，询问同学当天的作业，把自己不会做的习题发朋友圈求助；每天打开电脑在线翻译文章或朗读英语记忆单词……这样的情景已成为众多孩子在家的常态。当父母想帮孩子学习时，孩子可能会来一句："你不懂，我自己上网查就行。"

针对父母遇到的家庭教育困境，父母不妨学习最新的教育理念、借鉴教育专家的教育方法、创设温馨的家庭环境和树立平等和谐的亲子关系，为孩子传递正确的价值观。

3. 智慧父母这样做，帮孩子将兴趣引向成才之路

中国的父母向来非常重视孩子的家庭教育和素质教育，希望把自己的孩子培养成"神童"，进入互联网时代，又希望把孩子培养成"网络神童"，纵然，许多专家都反对"制造神童"，但让孩子在网络时代超越同龄人，并非不可能的事。培养"网络神童"，父母不能抱持"谈网色变"的态度，你需要改变一下当你的孩子上网时就围追堵截的方式，以免将"网络神童"扼杀在襁褓中。

所谓"神童"是指在体、育、文、理等方面天赋不凡的孩子。神童最终不一定都能成为天才，因为成才的因素是复杂的，特别是后天所接受的教育及社会用人的理念等，都起着关键的作用。爱迪生、爱因斯坦、丁肇中、华罗庚从小都不在"神童"之列。

"网络神童"的例子不胜枚举。如印度阿里·普里、美国的贾斯汀·查普曼和比尔·盖茨、加拿大的凯斯·佩里斯、中国 E 童网创始人宋思宇、西班牙的胡安·列拉·波尔、终极上网提速的发明者刘博文……我们还是以一个普通的网络天才的案例和大家分享。

陈世欣，一位普通的互联网创业导师，计算机系硕士，他有两个在读初中的儿子，大的上高一，小的上初二。两个孩子在 9 岁的时候，就开始接触编程了，大儿子从小就爱玩电脑，尤其热衷编程。经过父亲的启蒙后，

现在已经掌握了不少的编程技能。

最初，陈世欣由于选错了编程入门软件，在启蒙阶段走了弯路。2011年，陈世欣将一本《与孩子一起学编程》拿给在读小学三年级的大儿子学习，手把手地对孩子进行编程启蒙，很快，孩子就把书学完了。但经过几个月后，陈世欣发现孩子又忘记了不少。陈世欣又下载了电子版的《笨办法学 Python》。他发现，不管是纸质的还是电子书，大儿子都能拿得下来，但对于各种基础问题，孩子做出修改就会报错，且对于实际应用的场景缺乏了解。看见大儿子老在入门级低水平重复，小儿子也感觉枯燥无味了，于是，陈世欣发觉，让孩子过早地学 Python，是陷入"欲速则不达"的坑了。

后来，陈世欣发现，采用 Scratch 编程语言更适合孩子学习，既能解决应用场景的问题，又能通过漂亮的动画和游戏、Scratch 社区的形式，让孩子学习到各国孩子的作品。两个儿子学习编程变得更简单，学习兴趣更浓了。为了更好地带动两个孩子学习，陈世欣创建了一个编程俱乐部。2014 年 8 月，由于一些孩子要补课，Scratch 俱乐部暂停了，陈世欣就鼓励孩子们自主学习，用 Scratch 做自己感兴趣的东西，琢磨各种游戏的设计，将这些手机游戏用 Scratch 开发出简单版本，如微信打飞机游戏风靡时，就用 Scratch 开发出了一个简装的版本。带孩子参观上海迪士尼乐园后，陈世欣又鼓励孩子制作花车巡游 Scratch，这样，孩子们自己形成了一个自主学习的氛围。

在 2014 年和 2015 年上海市科技创新大赛中，大儿子奋力拼杀，连续两年杀出一番天地。2016 年，两个儿子联合做编程项目，包揽了实践类和创意类两个一等奖，创意类项目还参加了全国竞赛并获奖。后来，两个孩子爱上玩"密室逃脱"游戏，大儿子还对密码学常识来了兴趣，开始运用 Python 做密码代码。趁此机会，陈世欣又引导孩子开始学习算法和数据结构。假期，陈世欣带孩子到美国参加谷歌大会、参观苹果公司总部，帮助孩子打开视野。

由此可见，父母善于引导孩子，也可以让孩子走向天才之路。当你的孩子爱上互联网，请不要一味禁止，建议你可以这样做：

● 发现孩子的天赋

天赋和本领是青少年开辟人生之路的重要因素，父母不可错过任何挖掘孩子天赋的机会。在教育向互联网转型的时代，父母需要有正确的转型思维，转变传统教育观念，发现孩子的天赋，并帮助孩子将兴趣引向成才之路。

智慧的父母知道如何按照孩子的特长来培养孩子，而不是按照自己的意愿去培养孩子。每个孩子的成才路线，都应该是按照他自己的天赋和特长不断被引导，深化，最终成为专业性人才。父母所需要做的，就是用心发现孩子的天赋。有时，孩子的天赋并不是那么明显，因为孩子的言行都有很大的随意性。因此，父母要用智慧和爱去发现孩子的天赋，去唤醒孩子的潜能。很多父母把各种美好的愿望强加在孩子身上，苛求孩子必须这样或那样，往往会扼杀孩子身上的天赋。

有时，孩子不经意的言行正体现了他的天赋，而这其中也许蕴含着孩子无穷的创造力。父母应该善于从孩子平时的各种表现中迅速及时地捕捉住孩子的闪光点，发现他擅长的领域，帮助孩子找到他的天赋所在，并小心呵护。随着年龄的增长，孩子的创造力就会慢慢体现出来了。

● 顺势引导

父母不妨对自己的孩子做一下评判，看他倾向于何种天赋。发现孩子的天赋仅仅是开始，关键在于如何顺势引导和培养，引导孩子将天赋发挥出来，并制定如何培养孩子的长远规划和详细的培养方向及目标，还要坚决实施。这是决定孩子的潜能能否得到发展的关键所在。如果孩子具有网络方面的天赋，你就要充分考虑主客观条件，看是否将此作为孩子的专业发展方向，或是作为孩子的兴趣培养。

4. 提升自我，跨越"数字化代沟"

而今，中国已然进入"互联网+"时代，开始成为世界上网民最多的国家。《2018年中国互联网络发展状况统计报告》显示，截至2018年6月，我国网民规模达到8.02亿，其中，10～19岁的网民占比18.2%，从职业结构上来看，中学生群体占网民群体的比例为24.8%，占比最多。另一项调查研究显示：24%的未成年人时刻都在线上，甚至有50%的孩子表示自己已经对手机上瘾了。尤其是一到暑期，到处上演着"手机争夺战""游戏阻击战""网络保卫战"……硝烟弥漫。父母责怪孩子沉迷网络，孩子责怪父母守旧老土，跟不上时代，传统的亲子关系出现了深深的数字鸿沟。

成长在网络环境下的孩子，从小接触的是数字阅读，他们习惯了使用网言网语，这更使成年人与孩子之间的鸿沟增大。例如，当孩子的嘴里冒出"烘焙机"（主页）"污"（下流）"醉了"（无奈、无语）"傲娇"（骄傲）"铲屎君"（养猫的人）等言语，您会不会感到茫然？当孩子的作业本上出现"凉了凉了"（失望、状态差）"蓝瘦香菇"（难受想哭）"C位出道"（在团体中实力很强）时，你知道表示什么意思吗？这就是当前"00后"一代常常使用的网络语言。

网络时代，孩子说的话大人听不懂，孩子的朋友圈干脆屏蔽了父母，面对面坐着，孩子却盯着手机抿嘴笑，网络时代让亲子沟通多了一道屏障。

网络把很大比例的父母阻隔在网络之外。父母们看到孩子整天低头玩着手机，生怕孩子沉迷网络，即便孩子提出需要电脑上网，也拒绝了孩子。这就带来了一个问题，即父母和孩子会发生非常多的冲突，加之互联网普及之后，在改变父母们的生活方式、学习方式、工作方式的同时，也改变了家庭教育的方式，尤其是一些孩子通过互联网获得的知识在总量上已经超过了父母。当孩子提出问题时，父母却没有底气了。

父母对网络知识的贫瘠，与对网络的偏见所导致的反对、禁止孩子上网，是孩子沉迷网络的一个重要原因。父母不懂网络，视网络如洪水猛兽，对孩子上网持一棍子打死的态度，孩子怎么会有兴趣和你沟通。所以，要引导和管理好孩子上网，父母首先必须懂得网络、接纳网络。

回老家的公交车上，一个背着书包的孩子，约摸十一二岁的样子，在和爸爸聊天，孩子问了爸爸很多关于网络的问题，比如"爸爸，微信怎么发朋友圈啊？""爸爸，你玩的这个游戏叫'吃鸡'，怎么里面没有鸡啊？""蓝瘦香菇、吃瓜群众是什么意思？"……这时，公交车旁一辆奔驰超车过去了，孩子看见奔驰后的"抖音"，又问爸爸："你手机里有抖音吗？"，父亲回答说："没有，哪有音乐会抖呀，那跟唱歌走调儿是一样的。"孩子一脸鄙夷："连抖音都不知道，算了，不和你说了。"

今天的孩子，是数字化成长的一代，在网络方面，不少孩子懂得比父母更多。许多父母虽然知道孩子面对网络、走进网络是大趋势，但面对孩子在成长过程中需要应对网络的新情况、新问题，不能帮助孩子一起处理，显得很被动，由此，孩子渐渐与父母产生了"数字化鸿沟"。

提升自我素养，跨越"数字化鸿沟"，成了父母在事业之外，必修的一门家庭教育课程。

● 懂网络的父母更理性

父母如果是个网盲，就不会清楚孩子在网络上都在做些什么，也就无法管控孩子的上网行为。不懂得网络的父母，会在实际中对孩子的行为作出种种限制，使得孩子无法通过网络拓宽知识面、开拓视野。

父母对网络的无知，往往会对孩子上网缺乏理性的态度，易受社会上对网络的负面舆论偏听偏信，夸大网络的负面影响，对孩子上网嗤之以鼻或干巴巴进行说教，导致孩子产生禁果效应，并有可能对父母逆反。

想要找到问题的根源，需要父母充实自己的电脑和网络知识，掌握上网用网的技能，只有这样，父母才能理性地看待网络，理性地看待孩子上网，并且可以有针对性地对孩子进行引导和管理。

● 懂网络的父母教育更有说服力

不会上网的父母只知道网络像魔鬼一样，对孩子上网抱持偏见，对网络的正向作用认识不足，与当下数字原住民们认识和了解网络的迫切需求出现了极大的反差，这也使得两代人之间形成亲子沟通障碍。两代人之间没有共同语言，父母也会被孩子看不起，父母对孩子上网的教育和管理就成了无的放矢，说不到点子上，失去了说服力。对于渴求上网冲浪，渴求知识滋养的孩子来讲，父母不懂网络，就不能站在自己的立场上，真正理解网络为什么有那么大的吸引力，从而对父母反对自己上网的做法非常反感和抵触，产生强烈的逆反心理，上网的欲望反而会更加高涨。

相反，父母会上网用网，懂得让孩子在网络的正向功能上受益，利用网络助力孩子的成长，也会对孩子上网持有开放、开明的态度，孩子也会觉得父母跟得上社会进步，与父母有更多的共同话题，情感也会更和谐、融洽，父母在孩子心目中更具权威性，对孩子上网的教育和管理就会更有说服力。事实也证明，父母认可和支持孩子上网的家庭，孩子沉迷上网的比例要远低于禁止孩子上网的家庭。

因此，父母要加强网络学习，对孩子的健康上网采用开放、开明的支持态度，可以有效地预防孩子网络沉迷。

●放下身段，不断进取，与孩子一起进步

　　跨越数字代沟，是父母和孩子要面临的很重要的问题。对一些父母来说，孩子上网不是不想管，只是处于不能管、不会管、管不了的状态。一些父母对网络缺乏正确认识，媒介信息素养不足，想管又无方。成为"智慧父母"，要求在孩子上网的问题上必须做好数字时代的榜样，不断学习，防止出现亲子"数字鸿沟"。要主动参与，放下身段，不断进取，与你的孩子一起进步。要懂得网络、接纳网络，做孩子网络的引路人，与孩子共同成长。

5. 父母是孩子网络之行的"看门人"

2016 年，通过一项由全国 18 个主要城市青少年宫对 20000 多名 3 到 14 岁儿童及其父母的调研发现，互联网在少年儿童中的渗透率远超父母的想象，有 44.7% 的父母未和孩子通过 QQ 交流，55.8% 的父母在微信上没有和孩子交流，62.9% 的父母没有添加孩子为微博好友。

网络意识也是这项调查揭示出的一个大问题。大部分孩子都缺乏保护网络隐私的意识。父母对孩子上网缺乏有效的安全保障措施，61.7% 的父母没有为孩子筛选过 APP，67.7% 的父母在孩子上网时缺乏有效的监管，没有养成引导监督孩子数字媒介行为习惯。父母的失误也导致孩子上网风险加大。不少父母缺乏网络安全意识，缺少对孩子上网的引导和监管。一些父母自以为足够关爱孩子，实际上却并未尽到保护孩子的人身安全的责任。

从这个调查报告推而言之，近些年来屡屡发生的有关青少年网络安全案例，究其根源，在于缺位的家庭教育，即父母放任不管，未能及时科学引导难辞其咎。与"数字原住民"们相比，一些父母不愿进行"数字移民"，父母虽然自己在用着 QQ、微信、微博等网络工具，却担心孩子禁不起诱惑，不肯主动与孩子沟通。父母的所作所为明显体现出滞后于这个时代的观念，在引导孩子方面不称职。加之父母的过度干涉，反而有侵犯孩子隐私之嫌。因而，还有的父母在筑牢儿童网络安全防线的过程中，还要做到监管不越位和注意引导、监管的方式方法。

父母作为孩子的监护人，守护好孩子的网络安全，父母还需扮演好多元化的"看门人"的角色。这种"看门人"的角色内涵是指：父母要同时做好孩子的"铁杆粉丝"、做好孩子网上冲浪的"把关人""咨询师""知心人"，从各个方面对孩子关爱引导。

● 做好孩子的"铁杆粉丝"

父母要永远做孩子的"铁杆粉丝"，为的是帮孩子建立自信。因为每个孩子要想得到他人和父母的认可和鼓励，必须更有勇气去探索和接受新的挑战。对父母来说，欣赏孩子并不难，难的却是情绪饱满地去鼓励孩子。孩子的人生道路上充满各种挑战和考验，父母不仅要为孩子的正确喝彩，还要帮助孩子妥善处理各种困难，让孩子更自信。

做孩子的"铁杆粉丝"，父母要做到真诚、发自内心地欣赏你的孩子，真的喜欢，真的崇拜，做孩子的真"粉丝"。要给孩子加"粉"，通过赞美、鼓励，让孩子发现自己的优势所在，从而强化自己的优势，获得强大的自信。父母也要努力打造自己的优势，让孩子也成为自己的粉丝。如此，在指导孩子上网方面，才更有说服力。

● 做好孩子网上冲浪的"把关人"

这里的"把关"，是一个"过滤网"的工作，即取网络之精华，去网络之糟粕。孩子上网的一个重要动机是通过与网友沟通思想，交流情感，对此，父母不应该反对，更应该鼓励，但不能忽视对孩子进行网络教育。网络匿名性、虚拟性、风险性给孩子的身心健康带来了严重威胁。同时，青少年时期的孩子正在形成高度的独立性，这种独立性给父母带来了更大的责任，包括更加仔细地管控他们的在线生活。例如，父母要检查孩子访问的站点，监督孩子避开不良成人站点、不要随意透露个人隐私、不要私自和陌生网友见面、警惕网络中奖的陷阱等。

●做好孩子网上冲浪的 "咨询师" "知心人"

良好的亲子关系与家庭活动是保证青少年健康上网的重要条件。父母应多关心子女，平常多进行交谈与沟通，了解孩子的喜好、交友、作息状况，除了平时对孩子各方面的关心，父母还可以多关心孩子对于网络的使用，学会倾听孩子的心声，运用同理心接纳并与孩子沟通，了解他们经常性使用网络的动机。但这种关心不是要给他们施加压力或限制，而是多倾听孩子心里的想法，了解他们的需要与困扰，给予孩子适当的帮助。

孩子渴望与人交流、渴望父母走进自己的内心，理解、支持自己的选择和追求，真正地关心自己。孩子兴奋地告诉你一些互联网上有趣的事，或向你倾诉烦恼时，你以一句"没见我正忙着吗？"为借口推脱了，不能静下心来倾听孩子。孩子的心理需求得不到满足，就会上网找网友倾诉。父母无论多忙，每天都应该抽出一定时间了解孩子，无论是面对面的交流，还是通过 QQ、微信、微博等社交工具，融入孩子的内心世界，倾听、引导孩子，做孩子的"咨询师""知心人"，与孩子建立一种朋友的关系。

第 2 章

父母的反思——网络问题的根

中国孩子上网出现的很多问题不是孩子本身造成的，而是他们的成长环境造成的。孩子沉溺网络、上网成瘾，根源总是深植在孩子成长环境的现实的土壤中。成长环境可进行三七分，三分在学校，七分在家庭。孩子在网上生活失衡以前，都已经在网下的生活里失衡了。这样的问题，值得父母深思。

1. 你是哪个类型的父母

　　一位家庭教育专家说过："网络问题的根，总是深植在现实土壤中。其实多半孩子远在网上生活失衡以前，就已经先在网下生活失衡。"在她列举出的一部关于网络沉迷的影片《暴走的青春》里，当一个孩子被问到为何如此沉迷网络时，孩子回答说："因为现实生活的人都很虚伪，我觉得网上的人还真实一些！"多么犀利的回答，这个回答跟孩子脸上的稚气毫不相配。

　　为什么这么小的孩子竟然看透了虚拟世界比现实世界更真实？难道真的是网络让他迷晕了头，分不清是非曲直了吗？或者，是他在家庭的现实生活里先失去了平衡，扭曲了心态，就此转而拥抱虚拟的网络世界？

　　孩子所有网络失衡的问题根源，是从网下生活，也就是从家庭、从父母开始的。你是否反思过自我：是孩子管不起来，还是管教孩子的方式、方法和态度有问题？

　　北京美龄心理咨询中心韩美龄讲述了她自己的亲身经历：还在她上小学时，数学考试 37 分，而她的玩伴考了 90 分，回到家里，韩美龄妈妈就对她说："没关系，下次考好就行了。"而韩美玲的玩伴回到家后，却挨了一顿打，原因是她的爸爸看到成绩不是一百分。由此，韩美龄觉得，自己要努力，不能辜负父母的期望，后来，韩美玲考上了高中、大学。而韩美玲的玩伴却认为学习是个苦差，父母的要求太高，自己再怎么努力都达不到父母的高度，她对学习产生了恐惧、厌恶，初中读完就再也不想上学，出外打工了。到现在，她还在怨恨她的父母。

父母对待孩子的态度，是这两个孩子不同学习结果的原因。世界上没有不爱学习的孩子，关键是孩子在学习时，父母是怎样的态度。不同教育类型的父母，会造就出来不同类型、不同程度的心理和行为问题的孩子，这些问题是导致孩子沉迷上网的重要内因。错误的家庭教育态度，导致了孩子网络问题的产生，是孩子沉迷网络的最大推手。而父母却很少想到，问题虽然发生在孩子身上，根源却在自己身上。

● 禁止上网型的父母

不会用电脑的孩子常有被孤立、自我价值被贬低之感，父母禁止孩子上网，使孩子上网的需求得不到满足，反而会强化孩子上网的决心，导致孩子产生"酸葡萄"心理，吃不到的葡萄更想要尝一尝，"你不让我上网我就偏要上"，这就是孩子的逆反心理效应。事实证明，被父母禁止上网的孩子，大部分都会发展成为沉迷上网。

● 简单粗暴型的父母

这种父母对孩子教育的方式简单粗暴，动不动就责罚打骂孩子，家庭氛围紧张，处于这种家庭环境的孩子，生活都不愉快，感到压抑，没有家庭温暖感，对家没有眷恋之情。网络给孩子带来了一个逃避家庭、发泄不良情绪的极好场所。因此，孩子接触网络后沉迷其中就成了自然的事。

● 溺爱娇宠型的父母

教育孩子不能无原则，无条件地满足孩子的一切要求，对孩子娇惯溺爱，迎合迁就，使孩子形成骄横无礼、冲动任性，以自我为中心、极端自私、我行我素的性格。一旦自己的要求得不到满足，孩子就会产生心理失衡，小则大吵大闹，大则离家出走。拐角遇到网络，孩子就会放任自我，将沉迷网络当成解决问题的方式。

● 放任不管型的父母

这种类型的父母忙于事业和自己的娱乐，对孩子不抱太大的期望，没有要求，没有拘束，即使孩子犯错误也不对其进行纠正，表面上看是给予孩子充分的自由，却忽视了孩子的成长所必需的规则和要求，致使孩子从小缺少必要的管教，使其变得自私而任性，做事不考虑他人的感受，失去进取心。所以，孩子一旦接触网络，就会毫无顾忌地沉迷其中。

● 强制武断型的父母

这种父母对孩子期望过高，希望孩子长大后出人头地，超过自己，他们往往说一不二，强制武断，要求孩子绝对服从，常常唠叨攀比，斥责孩子不思进取，不准孩子越雷池一步。孩子内心极端压抑，强烈期盼脱离家庭，得到心理放松。上网成了孩子找回尊严，发泄不良情绪的方式。

● 唯学习至上型的父母

这类父母对孩子学业上的期望和要求很高，除了孩子搞好学习，关注孩子的学习状态和成绩外，没有别的要求。导致孩子平时得不到放松，亲子之间缺乏情感的交流。孩子本来在学校的学习负担就重，假期里父母还要报各种特长班、补习班等，增加孩子的学习负荷，使孩子心理压力过大。自然，上网就成了孩子释放压力的最佳选择。

● 唠叨贬损型的父母

这种父母常常唠叨不止，尤其是对于孩子的学习问题更是如此。孩子在家听父母没完没了的数落，会让孩子在父母面前感到失去了颜面，自尊心、自我价值感、尊严——落地，逐渐产生讨厌父母的心理，不愿面对父母，于是希冀从上网过程中找回失去的自尊和心灵的宁静。

● 家庭破损型的父母

家庭是子女成长的天然场所，在孩子的人格形成中，父爱与母爱缺一不可。家庭破损型的父母，关系紧张，整日"战火连绵"，感情破裂，共同语言减少而导致婚姻离异，使孩子的心灵遭受重创，心理缺乏安全感，爱与被爱的情感需求出现"饥饿"，使得孩子容易形成孤僻寂寞、抑郁冷漠、自卑退缩、缺乏人生乐趣的不良性格和情绪，于是上网寻求心灵的慰藉，忘掉现实生活的不快，弥补缺失的情感需求。

孩子上网问题的严重程度，和父母的态度成正比。优秀的父母，不一定培养出非常优秀的孩子，但问题孩子的背后，一定存在问题家庭和问题父母。培养好孩子，先做好父母。要想孩子远离网络沉迷，父母需要做的，就是要调整自我，先做优秀的父母。用父母的慈爱的心，用家的温暖去关怀支持孩子，留住孩子。对沉迷上网的孩子，只要真心关怀，并切实有效地解决他们在学习生活中的困扰。

2. 错误的家教是孩子沉迷网络的温床

进入网络时代，网络管教已经成为父母最大的学习课题。尤其是网络社交的普及后，孩子习惯上微信朋友圈随时更新自己的动态，上传自拍秀、上贴吧发牢骚、到视频发弹幕，文字、影音的迅速传播，以致出现游戏沉迷、色情沉迷、社交沉迷的情况。父母和孩子间经常为上网出现"阻击战"，相互"拔河"，父母拿孩子束手无策。

父母有责任让孩子理性地上网，并适当地管理孩子上网，这样才能降低网络对孩子的影响。一位妈妈曾对老师反映说："老师，我最近着急得不得了。我家小坤回家就冲进房间，饭也不吃觉也不睡，作业也不写，开始我还不知道是怎么回事。我敲门想要进孩子的房间，孩子就有点近乎蛮横地把我推出来了。我隐约能听见房间打打杀杀的声音，感觉孩子是在打游戏。他这样陷进去，我特别替他的学习感到担心。他爸爸平时工作忙，偶尔回家也会教育他两句，可孩子就是不听，跟他爸爸发擎，后来甚至跟他爸扬言说再说他烦他就不去上学，打工去了。"

父母首先得弄清孩子迷恋网络的原因，才能找到避免孩子沉迷于网络的对策。纵然，孩子出现沉迷网络问题，有网络内容选择的不可控性，可为什么孩子宁愿泡在虚拟世界中而弃学习和现实中的社交活动于不顾呢？孩子迷恋网络，是内外因共同作用的结果。网络本身、社会的监管、问题的家庭，都成为孩子沉迷网络的"温床"。

● 压力逼迫孩子转向网络寻求休闲放松

激烈竞争的社会对孩子提出了更高、更多的要求，迫使孩子不得不承受学业竞争的压力、快节奏的生活压力和逐步融入社会的人际关系压力，让许多孩子对未来的前景感到不安。升学、就业、父母的期望等各种压力顶在孩子的头上，他们的危机感、生存意识明显增强，在这种背景下，网络以其独有的优势，满足了孩子们发泄心中的郁闷和纾解压力的需要，于是，上网聊天交友、玩游戏、听音乐、看电影、看短视频等，便成为众多孩子在学习之余放松身心的方式。

● 错误的教养方式让孩子躲进网络

家庭是孩子第一所学校，父母是孩子永远的班主任。父母对孩子的良好的家庭教育，可以给孩子积极向上的影响，促进孩子的健康成长。

错误的教养方式，家庭教育功能的缺失，在教育孩子的过程中存在不同程度的错位和教育功能的缺失现象，或者因为错误的教育方法，溺爱和过度的期望，父母对孩子包办过多，过度保护，家庭关系不和谐等，造成孩子出现迷茫，易受网络的诱惑，有的孩子接触网络后，父母打不得骂不得，无所适从。父母的过度期望，使得孩子一旦遭遇学习失败，就会产生很强的挫败感，转而退缩回避，转向网络中寻求精神的避风港。家庭关系不和谐，也使得孩子在家庭中缺乏温暖，没有安全感。于是，他们开始在网络中寻求精神支持、赢得尊重。

现实世界和虚拟世界在人文关怀方面的反差，造成这些"问题家庭"的孩子投入网络的怀抱。这些"问题孩子"的出现，在很大程度上是由于家庭管教不当造成的。可以说，在各种导致孩子沉迷网络的原因中，家庭方面的因素是最根本性的因素。孩子沉迷网络的根源问题，往往在于家庭。父母要从孩子沉迷网络的表象后，找到来自家庭方面的内在原因。

●学校忽视对孩子信息素养的培养

尽管近几年中，新课程教育改革的推进对孩子身心发展的促进效果显著。但在此过程中，一些客观因素也阻碍了学生信息素养的提升，尽管已经开设了电脑课程，但限于学校师资力量有限，难以快速提升学生的信息素养，孩子无法感受到信息技术的魅力，从中能感到的有趣的东西就是上网；部分学校为了防止青少年沉迷网络，一刀切断孩子上网，反而激发孩子更大的好奇心与反抗。

3. 孩子的问题，根源在父母身上

孩子上网出现的很多问题不是孩子本身造成的，而是他们的成长环境造成的。三分在学校，七分在家庭，孩子在网上生活失衡以前，都已经在网下的生活里失衡了。这个问题，值得父母深思。

很多父母在网络和孩子之间显得无所适从，不知道怎样做才能让孩子既不脱离网络时代的现实，又不让孩子沉迷网络。有的父母发现孩子沉迷于网络后一味责怪孩子，或是痛恨网络，其实他们更应该反思自己。

正在读小学六年级的洋洋，他妈妈发现他最近迷上了电脑游戏，每次说他，他一脸不高兴。有一次，被妈妈批评后，洋洋反问道："爸爸在玩游戏，你也总是拿着手机玩游戏，你们都不和我玩，为啥还不让我玩游戏！"洋洋妈妈这才意识到问题，本来以为孩子做作业，自己玩会儿游戏无所谓，却无意中疏远了和孩子的关系。爸爸妈妈都玩游戏，让孩子变得很孤单，在无聊中孩子也学会了玩游戏打发时间。她和洋洋爸爸认真讨论以后，决定改变现在的生活方式，增加和孩子一起玩的时间，限制玩电脑游戏和手机游戏的时间，给孩子树立一个正确的榜样。

为什么孩子不听话？俄国大文豪托尔斯泰说过："全部教育或者说千分之九百九十九的教育都归结到榜样上，归结到父母自己生活的端正和完善上。"父母本身没有给孩子做好榜样，父母是孩子的一面镜子，很多父母每天下班后就抱着手机玩个不停，对着电脑一直到睡觉。这样的父母，自然也会影响孩子的生活习惯，给孩子树立了一个坏榜样，使得孩子也养成沉迷网络的坏习惯。

● 父母要做孩子的一面"镜子"

看到孩子的错误行为时，父母首先要反思自己的行为，改正自己的习惯，然后再去纠正孩子的行为。在网络面前也是如此，有道是"父母是孩子的镜子"，孩子大都是通过父母的行为来学习使用网络的。如果父母不能正确使用网络，自己沉迷在网络游戏或者网络社交中，又怎能指望孩子正确地运用网络呢？如果父母能够正确使用网络，并且能正确引导和合理监督孩子上网，那么，孩子也能够科学利用网络的正向功能尽其用而不负其累。

很多孩子沉溺网络，不仅仅是因为他们缺少自制力，还因为缺少父母的榜样作用。在网络面前，父母没有给孩子做好榜样，那么，对孩子的管教都会变得苍白无力，还会给孩子留下父母自相矛盾的印象。孩子沉迷网络后，也会拖累父母。父母影响孩子，孩子成瘾后又拖累了父母，被拖累的父母反过来也会影响孩子走出网络沉迷，形成恶性循环。因此，想要孩子走出网络沉迷，需要父母和孩子一起努力。一方面，要培养孩子的自制力，给孩子良好的网络教育；另一方面，还应从自身做起，重表率，立榜样，带头读有益之书，表示范之率。

● 把自己录作电视台，把孩子当作观众

那么作为父母，要采取怎样的方法才能解救沉迷于网络的孩子呢？其实，对待那些沉迷网络的孩子，硬性规定孩子以后不许再碰电脑不太可取，以"棍棒"和说教打骂的方式来管教，都不是解决之道，相反还会激发孩子的逆反心理。要让孩子不再沉迷于网络，最重要的是提高孩子的内驱力，即让孩子树立自己的理想，投入到学习中，变"让我学"为"我要学"。

中国社会科学院陈忠联教授说，"父母教育孩子要讲究策略。"在他开办的英豪学校里，按规定女生是不准染发的，很多女生不肯接受。他对女生说，"我支持你们染发，学生染发，很有超前意识呀。"学生很高兴，他又说："但按学校的规定，必须是考试年级前五名才能染。"而凡是考前五名的学生，肯定是看重学习的学生，不会去染发的，而想染发的人思想境界上都要低一些，很难考到前五名。陈忠联只是换了种表达方法，就让学生们乖乖地把头发染回黑色。他告诫父母们："很多父母讲话太直白。你对孩子的态度生硬，他就不会接受，不如换种表达方式，用一个比较灵活的办法，反而能把问题解决。"陈忠联建议父母不妨把自己当作电视台，电视台关注收视率，重视舆论关注度，收视率下降，电视台不会责怪观众，而是从自身考虑原因，会考虑节目是否迎合观众，考虑节目的品质与格调，考虑主持人的主持风格和人格魅力等，父母不妨把孩子当作观众，努力让孩子主动离开网络。

● 父母也要自我反思，自我改变

不少父母认为，上网玩游戏会让孩子变得冷漠、不合群、不懂得与人交往。其实，真正的根源是父母的忽视和冷暴力让孩子变得孤僻，而孤僻的孩子很容易选择网络游戏来寻求慰藉，进而变得更加不善于与人交往。

问题出在孩子，病根都在父母身上。父母过度沉浸在游戏世界里，而对孩子轻视、放任、疏远及漠不关心，给孩子做了一个极坏的榜样，还造成"家庭冷暴力"，使孩子精神或心理上受到伤害。孩子失去内心的安全感，产生自闭、焦虑的倾向。冷暴力会造成孩子不爱交流、冷漠、心理扭曲，影响其日后的社交能力。

不是网络吸引了孩子，而是父母把孩子推给了网络，没有哪个孩子愿意放弃与父母的亲情互动而主动投入冰冷的网络世界。父母可能没有意识到自己不良的生活方式会给孩子带来什么样的危害，在不知不觉中，已经把孩子推入网络，等发现的时候为时已晚。因此，父母要时常反省，纠正自己的生活习惯。如果父母不从自身找原因，不改变自己，孩子就很难改变。

倒空思想里不正确的观念，好好地管理好自己，孩子才会成长得更好。

4. 应对互联网的挑战，父母请蹲下来和孩子共同成长

　　随着信息化时代的到来，父母往往感到手足无措。许多父母感觉自己已经失去了原来的地位，孩子知道的事情往往比父母还多，每天在餐桌上发布最新消息的不再是父母，而是自己的孩子。这仅仅是一方面，在生活中父母还有许多的地方需要学习和适应。

　　许多父母望子成才，却对自己却执行着另一套标准。孩子每天放学后必须看书做功课，不能上网，不能看电视，而自己下班后可以打麻将、看球赛、躺在沙发上什么都不干……孩子在成长，父母却原地踏步。

　　在家庭中，父母总是想着如何教育孩子，却很少想过自己的自我教育，父母自己才是最应该被教育的。如果父母的心态、行为不正确，如何才能正确地教育孩子？所以，把自己教育好了，孩子的教育才不会有问题。只有父母首先成为学习的主体，孩子才可能天天向上。在没有天生成功的父母，也没有不需要学习的父母，成功的父母都是不断自我学习提高的结果。就像一位教育家所说的："你现在开什么车、住什么房、赚多少钱，都无关紧要，最紧要的，是你现在如何教育孩子。"

　　应对互联网的挑战，父母要愿意和孩子一起成长，接纳他为我们人生的一部分。和孩子一起成长，是为人父母最幸福的一件事。很多父母谈到

上网和与孩子连体成长这两件事的时候，都会紧张起来。

互联网时代，和孩子一起成长，我们首先要树立一种正确的家庭教育观，因为孩子的好多行为是受父母影响的，二是要转变父母的角色，第三优化我们的家庭教育方式，第四优化家庭环境。

● 树立正确的家庭教育观

互联网时代家庭教育观念与家庭教育方式，发生了巨大的革命。而传统的家庭教育存在很多误区。

误区一，父母有家庭教育功利化的倾向。父母是爱孩子的，孩子也是爱父母的，谈不上有什么功利。

误区二，父母是权威的看法已过时，需要改变。孩子的知识从父母那里得来，经验从前辈那里来，这叫前喻文化。互联网时代，科技的创新多是从年轻人开始向老年人传输，比如发微信朋友圈，先是孩子先学会然后告诉父母，这叫后喻文化。时代在变，后喻文化在一些领域已经取代前喻文化。

误区三，扭曲的爱。这种情况更多地发生在母亲身上。如很多人在一起谈论自己的孩子时，从来不夸自己的孩子。其实母亲也觉得自己的孩子很好。孩子则在想，我在父母眼里原来是这样，有种得不到肯定的失落感。另外就是父母对孩子的高期望、攀比的心态，会让孩子有种自卑感。

误区四，父母包办太多，包括包办孩子的学业。父母不能代替孩子决定。每个孩子的能力结构是不一样的，关键是父母要发现孩子的潜质，为他提供好的机会。

误区五，对孩子的一切要求都满足。有一个测验表明，孩子成长过程中不能全部满足其要求。满足度应该有一个空间，有些是不能满足他的，这样就使孩子有一个向上的欲望，有奋斗目标。如果他什么都有，那他成长就缺少了一种动力。

误区六，父母替代太多。父母为孩子安排一切，孩子成长中的大小事都由父母做主，无视孩子的感受，忽视了孩子是一个独立的人。孩子需要探索才能成长，而包办替代则使孩子失去了探索的机会。父母按照自己的意愿来塑造孩子，使孩子无法成为他自己和形成独立的人格，最终使孩子沦为父母的附属品。

● 父母角色的转变

互联网时代，带给家庭教育全新的挑战，父母要更新观念，把孩子当成独立的人，与孩子进行平等的交流，转变自己的角色，将自己从管控的地位调整为支持引导的角色，从决策引导者的角色转变为协商者的角色，从教育者的角色调整为共同学习者的角色。因为在互联网时代，父母跟孩子是平等的关系，不是教育与被教育的关系。这种平等型的教育方式能有效地培养出独立的有社会责任感的孩子。父母是学习的角色，孩子在不断地成长，不断地学习，父母也是处于学习当中。父母还要成为受教育者，才能提高孩子对社会环境的适应力和自我强化的成长力。

● 优化家庭教育方式

父母的家庭教育方式影响孩子的一生。优化的家庭教育并没有可以套用的公式，也没有招数，只需要父母站在孩子的角度，以孩子的眼光看父母的言行，思考自己的言行对孩子的影响。当孩子感觉到被父母尊重、了解，感觉到被爱，家庭教育就得到了优化。

家庭教育的功能在于它是一切教育的根本，这种让父母和孩子彼此都能正确的爱和被爱，使家庭发挥教育的功能的做法，才是家庭教育的优化，但它不是要父母爱孩子爱到孩子无能，而是要让父母成为孩子的支持者，彼此帮助。

● 优化家庭环境

真正优秀的父母都是孩子生命里不动声色的摆渡人。家庭环境包括好的学习环境和人际交往环境、沟通环境。家庭环境也可以叫家庭生态环境。

在家庭中，父亲是山，母亲是水，真山真水出真人，在这样的环境中才能成长出好孩子来。山伟岸，挺立，遮风挡雨，把孩子托起来看世界。母亲就像水环，绕滋润家庭这片土壤，它是动态的、美丽的。如果是假山假水，那就不能长出好苗子来。每个家庭都应该是美好的山水，为孩子营造好的生长环境。

孩子的成长是父母的修行。如何应对互联网的挑战，考验的全是父母的功力，需要父母的正确指引，家庭环境的熏陶，四两拨千斤的感化。蹲下来和孩子一起成长，遇见孩子，遇见更好的自己！

5. 父母积极的教养方式也会保证孩子积极的上网行为

　　有多少父母，就有多少失败或成功的教育家。父母们都各有不同，有些父母比其他父母更加严格；有些青少年得到了大量的关爱，有的则不幸遇到了冷漠的父母；有些父母对孩子的教育意见不合，有些则意见一致；有些父母为孩子制定了规则，他们能保持这些规则的前后一致，有些则"朝令夕改"。

　　各种类型的教养方式对青少年孩子的心情、行为方式和性情都会产生影响；同时，青少年的反应往往也会改变父母行为的影响效果。积极的教养方式包括：能较好地掌握子女日常活动，常使用引导式的教育。消极的教养行为包括：经常打骂孩子，在教育时不能抱持一致性。

　　进入青春期的孩子也面临多样化的压力，这些压力可能来自父母、同辈人，学习以及自身的成长压力，让青春期的孩子不仅有孩童时同样的压力和苦恼，还会有青春期发育的苦恼。倘若对此处理不当，容易导致青春期的孩子出现情感困惑、社交困难等心理问题。出现心理问题后，在家庭中得不到关心和有效教育，为了缓解心理压力，逃避现实，就会促成青少年网瘾的形成。有研究指出，将近80%的孩子上网成瘾都与家庭环境有关。过分溺爱孩子的家庭，容易让孩子养成以自我为中心的习惯，把满足自我的欲望作为自己的唯一准则，喜欢为所欲为。他们缺乏自我约束的习惯，做人做事比较任性和情绪化，这类孩子很容易在失去约束和指导下逐渐学坏，一旦迷恋网络，父母将很难劝阻。

正处于青春期的孩子，倘若在过分严厉的家庭里得不到温暖和关爱，极易形成叛逆心理，难以管教。这就如同你去抓一把沙子，抓得越紧，越抓不住。因为过于严格的管教，孩子会感觉窒息，孩子成长得很累、很疲惫，于是会将对现实中的所有不满发泄在网络游戏的厮杀中，逐渐产生对网络的依赖。

据报道，一位就读于广州白云区某小学四年级的 11 岁小学生，其妈妈为了戒除他的网瘾，每天都会将放学后的儿子用铁链锁上 3 个小时。原来，男孩家里开了两家服装厂，父母平时根本无暇照顾孩子。父母总觉得有愧于孩子，于是经常给儿子零花钱。每天男孩回来，家里冷冷清清，小男孩渐渐厌倦了，放学后也不急于回家，先去同学家玩耍。在同学家，孩子在第一次上网后很快沉迷其中，经常逃学在家上网。由于无节制地玩网络游戏，期末成绩降到了全班最后一名。父母知道后，决定限制他的上网时间，但是男孩"誓死抗议"。无奈之下，为了戒除孩子的网瘾，这位妈妈将放学后的他用铁链锁到桌子腿上。但没想到孩子趁父母不注意离家出走，父母苦苦寻找将近一个月都毫无音讯，只好选择了报警。

迷恋网络的孩子，背后往往与家庭教养方式有关，研究发现，那些父母关爱不足，教养方式严厉粗暴的家庭的孩子，由于得不到温暖，和父母缺少沟通，内心渴望与别人交流，更容易躲进网络。尤其这三类家庭的孩子更容易沉迷网络：单亲家庭和重组家庭；父母忙于工作的家庭；教育方向不当的家庭。例如，上面案例中的父母平时经营事业，对孩子缺乏关爱，孩子出现问题后又采用简单粗暴的不当方法，最终导致孩子离家出走。

父母往往过于关注孩子的学习活动，对孩子的兴趣爱好缺少开发引导，孩子旺盛的精力和好奇心得不到合理的释放，课余时间无所事事，而通过上网打发无聊的课余时间。父母对学习成绩的过度关注，一看到孩子考试不理想，就会唠叨、批评，给孩子带来了心理上的压力，使其心情烦闷，倾向于通过上网与人沟通，释放感情，一旦陷进去就会难以自拔。

成功的家庭教育能够为子女奠定心理健康的基石，从而抵御网络的诱惑。父母教养方式可分为权威型、专制型和宽容型三种类型。研究发现，充满爱、温暖、积极的教养方式，对子女的心理健康有促进作用；消极的教养方式，不利于孩子心理健康的发展，往往导致孩子出现人格偏离、高焦虑和神经质等心理障碍，使孩子产生逆反心理，与父母对抗，最终沉迷网络。

容易用网过度、沉迷网络的孩子，以四类孩子居多：自我认同感较低的孩子、面对压力难以应对的孩子、家庭中缺乏温暖的孩子、生活中缺乏朋友的孩子。而根据教养方式的差别，有四类家庭易出现孩子用网过度。

●亲子活动少

在过度使用网络的家庭中，父母越是不与孩子一起进行各类亲子活动，如一起做家务、一起运动、一起玩游戏等，孩子沉迷网络的可能性就越高。

●父母抗拒网络

调查数据显示，父母反对孩子上网，孩子过度用网的比例远远高于父母支持孩子上网的家庭中孩子过度用网的比例；父母不上网，孩子过度用网比例则略高于父母上网的孩子过度用网比例。可见，网络并非孩子过度上网的罪魁祸首。

●教育粗暴

对不同家庭的教养方式进行研究后发现，粗暴、溺爱、疏离型家庭中，父母对网络技术知识浅薄，当无法用语言说服孩子时，往往随意采取粗暴的方式制止，结果往往适得其反。在这类家庭里长大的孩子，往往沉迷网络的比例远远高于民主型家庭里长大的孩子。

● 父教缺位

"母爱是水，父爱如山"，孩子的成长，虽说父母有别，但两种爱同样重要。现实却是，父教的缺失却非常值得警惕。"养不教，父之过"。长期以来，父亲在孩子的成长中扮演着精神领袖的角色，父亲忙于挣钱养家，"教育孩子是他妈妈的事，男人有压力，需要挣钱养家，在外面打拼。"话虽有理，挣钱是父亲的责任，但是教育孩子也是父亲的责任，不能放松。

教育孩子，需要发展与孩子的亲密性，还要发展孩子的独立性。母亲在培养孩子的亲密性方面具有天然的优势，而独立则是父亲的天然职责。父亲给孩子一种坚强、勇敢、独立的影响。父亲带大的孩子适应陌生环境的能力强、胆子大、勇敢，父亲带大的女孩也会有更远大的理想，更理性。沉迷网络的孩子往往出于亲子交流少，父亲如果由于工作的繁忙而疏忽了与子女的沟通，孩子才会将无以排解的孤独感与空虚感通过网络发泄出来。尤其是那些上网时间过长，上网行为不健康的孩子，往往是因为内心的心理需求没有被满足。

父母的教养方式直接影响着孩子的心理需求能否被满足。比如，父母平时能否给予孩子足够的陪伴，和孩子保持良好的沟通交流，从而和孩子建立良好的亲子关系，决定了孩子的亲情需要能否被满足；父母对孩子感兴趣的问题能够给予及时解答，和孩子一起共读共写，可以满足孩子的知识需要；发现并培养孩子的兴趣，给予孩子更多的自由空间，可以增加孩子的掌控感和成就感……父母这些积极的教养方式都会有利于孩子心理需求的满足，从而将孩子从互联网中一步步"拔出来"，并保证孩子健康上网。

所以，父母积极的教养方式会促成孩子积极的上网行为，父母要尽力满足孩子的心理需求，防止孩子沉迷网络。

6. 是谁将孩子推向了网络的怀抱

互联网对孩子的影响受到千万父母的关注。"孩子一天到晚上网，我该怎么办？"

这个问题的答案，涉及父母如何直面网络。父母如何教养孩子，其实就是一个认识孩子的过程，不认识孩子，就谈不上引导，影响和改变孩子。因此，想要了解孩子为什么整天挂在网上，就要了解青少年上网的动机是什么，知道他们真正的需要是什么，读懂孩子的心声。

《中国青少年互联网使用及网络安全情况调研报告》（2018）显示，青少年上网关注的焦点，仍然集中在娱乐领域，如网络游戏、影视、动漫、音乐等。男女出现明显的差异化，男孩偏爱动漫、游戏，女孩偏爱影视、明星和购物等。其次则是学习类的内容，如科学知识、英语翻译、解题等，再次则是网络小说、体育赛事、旅行探险等。利用网络学习已经常态化，有25.58%的青少年表示对"做作业/解题"很关注。听音乐是青少年网络娱乐中频率较高的活动，比例达到29%。相比前几年，有一个显著特点，即短视频迅速崛起，有20%的青少年表示"几乎总是在看短视频"，看电影电视的比例占41.68%，游戏类接触频率在每周一次以上的占38.95%，每天关注网络新闻时事的比例占22%，较为关注社会热点的比例占36.32%。

从青少年上网频率来看，上网频率越高的青少年越爱玩游戏。各年龄段的孩子玩网络游戏的比例超过 50%，这就从另一个角度证实了许多父母的担心不无道理——孩子上网其实就是为了玩。而随着年龄的增大，青少年玩网络游戏的比例则又呈下降的趋势。这说明，随着青少年心理渐趋成熟，自控能力的增强，玩网络游戏的人数会逐渐减少。

尽管每个孩子上网的动机并不一样，但有一点是相同的，即网络给了他们现实中不能得到的东西。这种东西在现实中缺乏得越多，孩子对网络的依赖也就越深。

面对孩子接触网络问题，父母只有"引导"才是上策，引导孩子，要读懂孩子的心声，了解孩子的心理需求，然后带着目的上网，而不是为了上网而上网。同时，父母还要在生活中多给孩子关爱，只有弥补孩子的爱，他们才会在虚拟的网络世界中"无欲则刚"。

● 网络满足了孩子的心理需求

心理学家研究发现，孩子总是一天到晚挂在网上，是因为孩子有些心理需求恰好是可以通过网络满足的。这些心理需求包括：

认知需求：青少年对身边的事物充满了好奇，而互联网的便利和自由的特性为其提供了快捷、内容丰富多彩、信息庞大的认知内容，满足了他们的好奇心和求知欲。

自我实现的需求：每个孩子都有自我实现的需求，即发挥出自己的潜在能力，成为所期望的人物，得到别人的肯定。有些孩子在学校的学习成绩不是很理想，与同学们相处不够融洽，情绪低沉，缺乏成就感。一些青少年通过网络来补偿需求的缺乏，从中更容易体验到成功的快乐。而且，游戏输了，还可以重复闯关，但在生活中却不能如此。这样就大大满足了他们的自我实现的需求。

人际交往的需求：有的孩子性格内向，不善于与同伴相处，但在网络上，他们可以无拘无束地放开自己，无话不说，原因就是网络的匿名性让其突破心理障碍，畅所欲言，从而达到情绪宣泄和释放心理压力的目的。

性心理满足的需求：青春期的孩子对异性充满了好奇，而许多家庭在性教育方面是滞后乃至完全真空的，一些父母甚至谈性色变，以性为耻，更引起孩子的好奇心。而网络在这方面的开放性，为他们提供了便利的渠道。

●环境因素推波助澜，将孩子推向网络的怀抱

将孩子推向网络的环境因素主要有以下几点：

第一点，家庭的不和谐。研究证实，90%的有网瘾的青少年，家庭关系都非常紧张。

第二点，亲子关系不佳。当孩子觉得自己不能被父母理解，跟父母没有共同语言，甚至感觉有代沟，或无法接受父母的教育方式时，就会对父母的言语和行为倍感压力，无论父母说什么做什么都想要反抗。而当反抗失败时，心情变得郁闷，网络就成为他们释放、宣泄、诉说的最佳场所。

第三点，人际交往受挫。青春期的孩子渴望友谊、理解、尊重，关心，迫切希望有知心朋友。赢得同伴的接纳和赞许是他们的一项重要的心理任务。但并非所有的孩子都能与人良好地相处。此时如再被周围的同学嘲讽、调侃，则很容易为了逃避现实的人际关系而躲入网络。

第四点，学习上受挫。有的孩子在小学成绩一向优秀，进入初中后，由于竞争激烈，成绩快速下滑，原本自信满满，在一连受挫后，心中感到挫折不已，如果这时父母没有提供情绪上的辅导，反倒严厉批评、冷言冷语，孩子的自信一落千丈，就有可能转向网络世界去寻找成就感和自信了。

失去尊重的孩子，最需要尊重；失去信任的孩子，最需要信任；失去爱的孩子，最需要父母的爱；失去温暖的孩子，最需要温暖……网络是孩子暂时的心灵避难所，是孩子情感的温泉，孩子之所以整天挂在网上，根源在于父母缺少对孩子心理需求的关注，在于家庭功能的失调。当父母重视孩子个性的培养，并积极促使孩子自我价值的实现，尊重孩子的心理需求，并改变与孩子的互动模式，建立一个充满爱与温暖的家庭氛围时，孩子就会感觉有足够的情绪支撑力，不再需要寻求网络的庇护。

第3章

学会正面管教，
让孩子学会上网自我管理

正当孩子会网上冲浪，逐步踏进社会的时候，虚拟世界的虚拟交友、虚拟恋爱、网络游戏等也引领孩子掉入过分"投入"的陷阱。虽然许多都是孩子长大后必然要接触到的事物，然而，由于孩子的心智不成熟，还需要父母学会正面管教的艺术，扮演好监督和引导的角色，引领孩子做网络的主人，而不是被网络俘虏。

1. 让孩子从小学会有节制地上网

宋代理学大家程颐说："一念之欲不能制，而祸流于滔天。"古往今来，因不能节制欲望，不能抗拒诱惑而招致失败的人不胜枚举。诱惑能使人认识模糊而误入歧途，这个世界有太多的诱惑，哪怕地上有人掉了一张百元大钞，都有可能是陷阱。

青少年身边充满了各种各样的诱惑，例如，网络游戏、网络短视频等。如果他们沉溺于其中，占用了过多的时间，必然会严重影响他们的学习。所以教育孩子从小养成自我控制的习惯，提高自我约束能力，自觉抵制网络的诱惑是非常必要的。

11 岁的王刚就读于九江市一中，一直以来，妈妈秦女士尽量给孩子创造一个良好的读书氛围，王刚在家时，爸爸妈妈几乎不上网，不看电视，秦女士的想法就是："除了跟孩子玩游戏外，跟孩子在一起的主要活动就是亲子阅读。这样的教育效果非常好，孩子每天放学回家第一件事就是去书架上找书看。四大名著、外国文学、逻辑推理都看了上百本了。学习成绩在学校排名都数一数二的。"

但在秦女士看来本来聪明乖巧的孩子，最近却令她抓心挠肝了，原来，前不久秦女士的同事给她发了 PDF 版的科普书籍和动物小说，秦女士就下载到电脑上让孩子自己看。没想到王刚上网不久就被游戏给吸引住了，才玩了没几次，他就有欲罢不能的感觉，总希望妈妈能延长他上网的时间。为此，秦女士十分懊悔地说，不要指望孩子在你不在的时候主动上网学习，他们缺少有效的自制力。

孩子的自制力一般都很差，上网娱乐、玩游戏没有节制，如果父母强行终止孩子上网，只会让他难以接受或产生抵触心理。可见，互联网更多地考验着青少年孩子的自制能力。父母要孩子通过上网促进学习和提高孩子的能力，无一例外都要求孩子具有高度的自制力，让孩子懂得什么时候"刹车"，并经常检查"刹车"灵不灵。

●从小就培养孩子的自制力

一个孩子是否有自制力，与孩子的性格密切相关。有的孩子天生自制力比较强，父母就不用过于担心；如果孩子缺乏自制力，父母就要加以教育培养。孩子恋网，是对自己控制力不强的表现。从小就应注意培养孩子的自制能力，让孩子懂得控制就能预防网瘾。

心理专家做了一个实验：找来 10 个孩子，每人发两颗糖，同时告诉他们："我没有回来之前，谁要是把糖吃了，我回来就再也不发了；如果你这两颗糖还在，还会得到两颗糖的奖励。"一个小时后，他回来了，心情急躁的孩子拿到糖就忍不住吃了，有的小孩耐着性子没有吃，控制着自己的欲望，闭着眼睛不看糖，只为了等他奖励另外两颗糖。二十年后，他发现：那些耐心等待的孩子事业成功率远远高于那些把糖吃掉的孩子。因此，父母们要谨记：聪明的孩子不一定都能成功，但有聪明才智又能有自制力的孩子将来一定能成功。从小养成自我控制的习惯，就能预防网络沉迷。

●给孩子制订一个上网计划

父母在孩子上网畅游的时候，不要忘了给孩子制订一个上网计划，让孩子有意识地给自己限定上网时间。约束孩子的上网时间和频率，让孩子逐渐成为网络的主人，而不是依赖网络。在时间的控制上，要正确地引导孩子，耐心地给孩子讲解把握上网时间的重要性。特别是夜晚，上网时间不可过长。上网之前，要明确"我要上网做什么"，估算一下需要多长时间。明确了上网的目的，可以大大减少上网的盲目性。当然，如果孩子上网进行专业性的网络学习，如 PS、编程等，时间可适当放宽。也可以把具体要完成的任务，所需的时间等都记载便签纸上，使上网更有目的性，能够更有效地控制孩子的上网时间，不断培养孩子的自制能力。孩子严格地执行制订上网计划，本身就是一个自制力提高的过程。

●教育孩子不断自我反省

孩子沉迷上网，父母训斥、打骂，是解决不了根本问题的。父母必须帮助孩子提高自我反省能力，只有反省能力提高了，孩子才能学会自我控制，自觉抵制网络游戏和不良信息的诱惑。自我反省能力强的孩子，能随时根据自己情绪的变化进行自我控制。只有在不断反省中才能认识到自身的不足，孩子才能取得真正的进步。

●建立严格的奖惩制度

很多孩子缺乏自制力是因为能不能做好眼前的事对其而言没有多大的利害关系，在这种情况下，建立严厉的奖惩机制对孩子是十分必要的。比如，在完成当天的学习任务后，可以奖励孩子玩半个小时的电脑，或者看会儿电视。如果没有完成任务，可以罚孩子多做点家务。在推行这种机制的过程中，孩子的自制力也受到了一次又一次的考验，最终能够践行这一制度的人，必将磨炼出坚定的自制力。

2. 帮助孩子考取上网的"驾照"

如今的孩子，最钟爱的娱乐当属玩电子产品了，平板电脑、智能手机成为很多潮爸潮妈买给孩子的时尚礼物，或作为孩子学习进步的奖赏。一些父母对于孩子使用电脑、智能手机、平板等电子产品也持宽松的态度。有的父母出于攀比心理，别人家孩子都有，我家也不穷，给孩子也买一个，不能比别人差了，不然孩子会产生自卑心理；还有的父母把电子产品当成了电子保姆，做家务或是在家加班时，把手机给孩子玩，这样孩子能安静一两个小时，让自己安心做事情。

当然，电子产品确实具有其独有的优势，但对孩子来说，身心健康和学习才是最重要的。孩子一旦迷上了电子产品，就会疏远身边的同学和亲友，不愿意出门。尤其是中小学生，游戏难度越低，越容易沉迷进去。相比成年人，孩子的自制力要差，使用电子产品更容易沉溺其中。

孩子进入小学中、高年级后，就应该严格限制其上网和使用电子产品的使用时间了。现在网络教育给孩子提供了越来越多在线教育的机会，此时，父母不应该杜绝孩子使用电脑，而是应该规定孩子使用电脑的时间。对孩子游戏的要求也可以适当满足，但应该规定每次玩游戏的时间，不宜超过半个小时。对于游戏的内容，父母也要严格把关。网络世界中有很多不利于孩子成长的内容，孩子很容易受不良信息的影响。因此，父母要对孩子玩游戏或看视频的内容进行评判，禁止孩子玩易上瘾的游戏和看低俗、色情的视频、图片等。

美国前总统奥巴马的教子原则中，有一项就是限制孩子看电视和上网的时间。除非学习需要，孩子不得打开电视、电脑；周末允许孩子看电视、上网、用手机等，但必须在指定的时间上网，可看指定的电视频道或网站，不能让孩子想看什么就看什么。

英国著名的思想家波普尔将父母未能尽到应有的责任，陪伴孩子长大的电子产品称为"电子保姆"。他将"电子保姆"视为魔鬼的化身，对这种家庭现象感到忧虑和恐慌。波普尔很形象地打了个比方，就拿开车来说，让一个没有拿到驾照的人去开车，是非常危险的。但很少父母会去想，对电脑、手机等电子产品的上网操作，也需要"驾照"，把手机交给孩子独自去操作，等于让没有"驾照"的"司机"去"驾车"一样危险。

父母要对孩子使用电脑、手机等电子产品给予孩子充分的指导。"电子保姆"终究不能替代父母的爱。孩子需要在真实的世界中发展与成长，父母图一时的轻松，而把孩子交给"电子保姆"，对孩子是百害无益的。父母应在孩子"驾车"驶上信息高速公路前就对孩子进行"行车安全"教育。

●父母要掌握电脑和电子产品的使用权

孩子在家中上网或使用手机等电子产品时，父母首先要掌握主动权，告诫孩子，电脑是用来学习的，也可以用来娱乐，让孩子学什么，娱乐什么，都由父母来决定。在孩子最初接触网络的时候，父母要陪伴在孩子身边，对他进行明确的引导。父母时时刻刻玩着弄手机，又有什么资格要求孩子不玩手机呢？父母每天守着电脑打游戏，怎能要求孩子远离电脑？父母自己也要严格作则，不要给孩子树立坏榜样。父母应谨记，身教重于言教，应致力于营造学习型家庭氛围。

●帮助孩子形成网络生活的良好习惯

孩子进入网络的世界后，父母要引起其有意识地逐步养成一些良好的自我教育、自我约束的习惯，学会进行科学的网络生活管理。上网前要计划，明确上网的目的，学会控制上网的时间，避免无节制的上网。对一些自控能力差的孩子，可采取闹铃提醒，监督、安装上网监控措施来有效控制上网的时间。如果只是为了娱乐，把上网当成缓解精神压力的工具，则更需要计划，防止漫无目的地"冲浪"而导致沉迷于网络聊天或网络游戏。

●密切关注孩子，教会孩子学会驾驭网络

网络游戏动感、刺激，极大地牵引着孩子的注意力。平时，父母要密切关注孩子的言行举止，要有先知先觉的敏锐的感知力，及早发现孩子沉迷网络的苗头，将其化之于无形。如果发现孩子嘴里都是网络游戏，心里时刻惦记着网络游戏，父母一定要引起高度重视，及时采取有效措施。因此，父母要跟孩子多沟通，弄清孩子的所思所想，必要时与老师配合，鼓励孩子多参加集体活动，尊重孩子发展合适的人际交往，增强生活的趣味性。同时，父母要适当锻炼孩子自立，教会孩子约束自己，从小培养对自己和家庭的责任感。

只有先树立正确的上网理念，孩子才会重视网络的工具性，而非片面地只看到网络的娱乐性，迷恋网络游戏。父母要引导他们学会利用网络的工具性，进行阅读名著、查找资料、发表博文、聊天沟通等上网活动。教他们利用网络来辅助学习，为我们的家庭文化注入新鲜的血液。但对孩子上网管控能力较低的父母来说，还需要尽量推迟孩子使用电子产品的时间。

借用《网络少年》中主人公的一句对白："数字时代的生存工具是孩子

们永远无法弃离的。"网络时代，要想孩子在数字化社会中占得一席生存之地，就必须让孩子学会和电子媒介产品和谐共处。这就要求父母们安心扮演好帮助孩子考取上网"驾照"的教练，帮助孩子学习怎样驾驭网络和电子产品。

3. 教会孩子做网络的主人而不是游戏的奴隶

良好网络世界环境的构建说到底是"人的构建"，网络的主体是人而不是机器。

父母在对孩子进行网络教育中，要让孩子明白，网络只不过是使人们学习、工作、管理、写作等活动更加便利的工具而已，娱乐功能也绝不是网络的主要功能。网络不是满足人们的享乐欲望和寻求刺激的玩具，更不是人们逃避现实生活的避难场所。如果人们只是把网络当成玩具和逃避现实生活的避难场所，就陷入了对网络认识和使用的误区。

每一个孩子都应该成为网络的主人翁，不能成为机器的奴隶，让网络为我们的学习生活所用，成为学习的好帮手、愉悦身心的好场所、促进自身素质提高和身心发展的好工具。

父母还可以通过讲述身边网瘾孩子的事例和有关网瘾危害的报道，让孩子切实认识到网络的利弊，认识到沉迷网络的危害，给孩子以警示。让孩子树立正确使用网络、预防"网瘾"发生的观念，对沉迷上网建立一种心理免疫屏障，一种预防网瘾发生的心理机制，那么，孩子就会自觉控制上网的时间和上网的内容，自觉抵制网络的不良诱惑，网瘾的发生概率就会大大减少。

这些年，"吃鸡（绝处逢生）""王者荣耀"游戏深受中小学生的钟爱。

2017年3月，《人民日报》两次发微博炮轰"王者荣耀"，称其"曲解历史：只有耻辱！不见荣耀"。作为党的"喉舌"，《人民日报》的文字无疑是最具有权威性和震撼力的。当然，"王者荣耀"的问题，主要是由于这款游戏利字当头，参与游戏的玩家多为中小学生，大量中小学生沉迷其中。根据腾讯浏览指数平台上的"王者荣耀"年龄分布显示，11～20岁的用户比例高达54%，17岁以下的未成年人数量超过3600万。因为这款游戏非同寻常的"破坏力"，很多人称"王者荣耀"为"王者农药"。

深圳某小学五年级的学生小辉，因迷恋"王者荣耀"，趁父母外出，偷偷将父亲的银行卡关联到QQ上。此后3个月中，小辉狂刷了3万多元，用来购买"角色"和"皮肤"。

广州一小学五年级学生芮芮坦言，班上很多同学都在玩"王者荣耀"，为此还建了微信群。有家庭富裕的同学一下充了8000元购买各种"英雄"和"装备"，不时在群里炫耀。"其实打起游戏来很伤眼睛，打五盘游戏就会两眼发蒙了。"芮芮说，"通过玩'王者荣耀'，我发现游戏中通过做每日任务、免费领取金币、中途下线扣信誉分等刻意的设计，我深深地感觉自己'被控制了'。"

可是，让这些纯真的青少年沉迷的网络游戏，除了"王者农药"，还有"魔兽世界""征途""英雄联盟""劲舞团"等其他"农药"。

生活在信息时代，父母要特别尊重孩子，因势利导，引导孩子成为网络的主人，让网络成为助力孩子学习的得力助手，让孩子利用闲暇时间阅读和积累，而不要成为机器的奴隶，在网络世界中迷失。建议广大父母注意以下几点：

● 教会孩子做人

任何成功都弥补不了家庭教育的失败，孩子的"三观"养成首先在于父母，父母首先要做的是教会孩子做人。人最大的对手是自己，去不去上网，玩不玩游戏，完全靠孩子自己。因此，只有对孩子开展正确的"三观"

教育，提高心理免疫力，才能抵御网络和游戏的诱惑，健康上网。教育孩子结交网友要慎重，防止误入圈套；坚决控制孩子的上网时间，不要让孩子沉迷于其中而不能自拔，从而让网络真正成为孩子获取知识、开阔视野、提高能力的辅助工具。青少年上网的主要目的应该是学习，父母如果教育孩子上网时带着明确的任务和内容去上网，上网就能专心，网络的优势就体现出来了。

● 创设和谐友善的家庭环境

研究发现，不同的家庭环境，孩子使用媒介的频率大有差异。比如，父母离婚、分居、一方出轨、打孩子的家庭，孩子会比其他孩子具有更明显的攻击性，特别迷恋厮杀等暴力性的网络游戏。孩子发疯一样地在键盘上使劲挥舞刀剑、使劲地发射炮弹，以虚拟的拼杀来发泄心中的不满。相反，那些家庭生活比较幸福的孩子，就比较喜欢一些儿童文学、知识类的内容。父母在塑造面对成年挑战的青春期孩子的行为、选择方面具有显著的作用。亲密的父母 / 亲子关系、良好的教养技能、共同参与的家庭活动和正面的父母示范都对青少年上网行为发生着重要影响。父母要注意自己言行，给孩子创造一个和谐的家庭环境。

● 疏而不堵

削足适履的做法早已被证明是错误的，"履"一定要适应"足"，本末不可倒置。用束缚互联网、限制互联网的方法防止孩子沉迷网络，就是十足的"削足"。而且，现在的学校教育，很多已经用微信来留作业、交作业，暑假里还要学习网上课程，孩子们已经离不开网络。让孩子彻底离开网络，已经不现实了。

教育方法，应该是疏而不堵，不可因噎废食。比如说有些迷上网络的学生，学习成绩不好，试问，能把这笔账记在网上吗？

●顺势引导，激发孩子的兴趣

　　网络是孩子学习的资源宝库，兴趣是最好的老师，成就感是最大的鼓励。父母可以顺势引导，根据孩子的兴趣引导孩子多关注权威教育网站，诵读经典、阅读名著，诵读名校名师的辅导，高效率完成作业、阅读名著、诵读经典、拓宽知识面……让孩子喜欢上网络学习的模式，沉浸在经典名著、名家名作之中，从中感受到文学之美、诵读之美。孩子自然就不会去被网络游戏所诱惑了。

4. 把握健康使用网络的四项准则

通常，父母们对孩子上网的关注点，往往聚焦在那些已经出现网络成瘾症状的孩子身上，而统计显示，这部分孩子在上网的青少年中比例并不大，仅占 10% 左右。如何引导和指导其余 90% 的孩子更有效、更健康地使用网络，这更需要父母迫切关注。

洪宇是一名初二男生，跟同学到网吧第一次"触网"后，多姿多彩的网络像磁石一样，让他有点想走又走不开的感觉，网络游戏更像"黑洞"一般吞噬着他。从此他对网络欲罢不能。三个月后，洪宇的学习成绩直线下滑，白天上课时昏昏欲睡，一摸到鼠标键盘就立刻精力回满。半年他偷了妈妈 3000 多元钱，到网吧上网 1000 多小时。父母发现他不愿上学，逼问其原因，他也不理睬。后来父母发现家里少了许多钱，遂断绝他的经济来源，洪宇开始以打骂父母，砸东西的方式，来逼父母给钱上网，对此，父母极为恼火。

未成年人网络过度使用及依赖，尤其是网络游戏沉迷已经成为突出的心理问题。一些孩子因为无法有效地控制上网的欲望，严重影响了身心健康和学业，也破坏了原有的人际关系与家庭。为此，2017 年，国家颁布了《儿童青少年网络健康使用指导手册》，该手册在网络成瘾相关形成机制及青少年心理发展特点的基础上，提出了防止网络过度使用的四大准则，即"有限使用、选择使用、公开使用、工具性使用"原则，通过引导青少年思考网络使用的利弊深入分析，以帮助他们从小树立正确的网络使用观念，指导青少年健康上网。

对于健康使用网络标准的界定，美国儿科学会是这样定义的："儿童的数字媒体使用时间需要得到限制。其中，使用时间是指将数字媒体用于娱乐的时间，不含诸如使用网络完成作业的时间。""6 岁及以上的儿童的数字媒体使用时间往往因儿童的教育背景和家庭环境等因素而异，儿童应该学会合理安排时间，优先作业时间、锻炼活动等，而不是娱乐时间。父母不能只做指导儿童使用媒体的人，还要指导儿童正确使用媒体达到创造、交流和学习的目的，拒绝广告和不良信息，保护自己。"

为了使孩子有效、健康地使用网络，父母应引导孩子认识上网过程中可能存在的风险，遵循"有限使用、选择使用、公开使用、工具性使用"的使用准则，使网络为孩子们服务。

● 第一准则：有限使用

有限使用强调从时间维度上对青少年的网络使用时间进行限制。父母与孩子一起商议出上网时间限度，如每天可上网 30 ~ 45 分钟。双方共同制订上网计划时间表，并严格遵守；教育孩子养成先完成学习任务，再上网娱乐的良好习惯；需要使用网络完成作业时，也要遵守先学习，后娱乐的原则；在看视频、玩游戏一段时间后要适当休息；可以随着年龄的增加，适当地调整上网时长。

● 第二准则：选择使用

选择使用准则强调回避和防范不良信息，这主要要求孩子发挥个体主动性，逐步从最初接受父母帮助选择上网的内容到学会主动过滤不良信息，并要提高防范意识。例如，要对网络上涉及的钱财及物品信息要严加防范，不留任何被骗机会，尤其是不要乱发朋友圈、不乱扫二维码、不轻信中奖信息等。进行网上交易时，注意选择第三方平台或通过可信的网上平台进行交易，保证交易安全。

对不良信息"说不"。培养正确的"三观"，能够分辨并抵制网络上的各种不良信息；不轻易点击自动弹出的窗口、不明的网络链接、邮件等。

对陌生网友"说拜拜"。教育孩子谨慎用 QQ、微信和其他聊天工具与人交谈；不在网上轻易泄露自己的真实信息，如真实姓名和地址、电话、学校名称、好友信息等；遇到谈话低俗的网友，不要应答，将其拉入黑名单；绝不与陌生网友进行会面，必要时要请求父母的陪同。

●第三准则：公开上网

孩子使用网络时，父母要陪伴在孩子身边，并尽可能了解孩子上网的状况和上网内容，决定上网时间。做到：方式公开，即父母陪伴孩子上网，共同探讨网络使用的技巧，使孩子的网络使用更高效；地点公开，即在家中的客厅等公共场所上网；内容公开，即主动将上网情况告知父母。

●第四准则：工具性使用

教育孩子在上网过程中更多地使用网络搜索、与家人沟通等工具性功能。学会辨别网络信息来源，不信谣、不传谣；学习正确的网络使用方法，合理利用网络上的资源和信息；养成良好的上网习惯，明确上网的目标，避免盲目上网而浪费时间。

遵守网络健康使用准则，有利于青少年良好的上网行为习惯的养成，这是一个长期坚持的过程。特别是对刚开始接触的孩子来说，父母的参与和指导必不可少。

除了这四点上网原则外，文明上网也非常重要。青少年应自觉做到文明上网，从小就养成文明使用网络的习惯，注重网络礼仪，自觉遵守青少年网络文明公约，养成遵守网络使用规范的良好行为习惯，不浏览不良信息，不光顾不健康网站，积极参加向上的文化娱乐活动，远离诱惑。

5. 监护孩子上网应该讲方法

　　网络本身是一个工具，它并没有错，青少年上网也没错。其中有一个关键问题，即有无父母的监督。小学生、中学生都是未成年人，应该有父母的监护。上网，如果父母在身边，那么父母对于孩子上网的行为、目的与效果，都会起到一个督导的作用。显然，在家里上网要相对安全，而网吧则因为缺乏监管而存在风险。

　　2018 年 9 月 24 日，世界体坛明星贝克汉姆以全球大使身份出席了香港一家保险公司的活动，活动期间，贝克汉姆在台上签下人生承诺，写上"每天微笑"和"与家人晚饭时要关掉手机"。

　　贝克汉姆在台上谈到自己的四个子女时，坦言孩子会留意父母的一举一动，当有父母问及贝克汉姆："作为父母如何令孩子不要过分沉迷于社交平台？"贝克汉姆自曝会监控儿子上网，"很明白不少父母担心孩子乱上社交网，为了保护他们，除了 19 岁的老大布鲁克林之外，也有监控子女用社交网，而大儿子也会询问自己的意见后，才会把东西放到网上。"

　　如今，随着网络的普及，青少年与外界接触的途径越来越广泛，受外界不良信息侵蚀的机率也大大提高了，不少父母为此而担忧。为了防止孩子结交不良朋友，了解孩子的思想动向，一些父母在电脑上安装了监控软件，也有一些父母趁孩子不注意，查阅孩子的邮件、聊天记录，偷看手机短信等。但这些方式和行为却引起了孩子的反感和逆反心理，认为父母侵犯了他们的隐私，损害了自己的感情，甚至引发孩子大发脾气、转向网吧上网等过激行为。一些父母甚至为此打骂孩子、断网等，由此也引发了孩子出现一些新的心理问题，父母履行监护孩子上网还需要讲究方法。

各种上网监控软件在电脑市场十分热销。有的孩子由于自小接触电脑，对各种上网方法已能熟练掌握，却不告知父母自己在网络上都做些什么。通过网络监控软件，父母可以设定孩子的开机时间、上网时间和限制某些程序如游戏等，并过滤色情网站。父母还可以看到孩子的上网记录、聊天记录等，孩子一上某个网站，父母就能收到提示。父母通过安装这些掌握孩子的上网行为。

但是，也有些孩子的独立性、自尊心较强，认为父母在监护他们的上网的同时，侵犯了自己的隐私，认为自己又没什么见不得人的事，父母这样做，是对他们的不信任，感觉自己一点隐私都没有。于是，"上有政策，下有对策"，为保护隐私，一些孩子一逮着机会就与父母"捉迷藏"，把战斗阵地转移到网吧，玩游戏、看不该看的网站。

孩子们宁可泡在网络里对网友敞开心扉却不肯对父母吐露心声，必定有他们的原因。网络的普及是必然的趋势，要让孩子与网络绝缘是不现实的，正如一位父亲所说，"如果我们拒绝让孩子与网络联系，就是在剪断孩子飞往未来的翅膀"。

●对孩子上网的监督需要讲方法

使用必要的电脑监控软件，根据孩子的年龄决定对孩子的监控程度，但不要过于频繁地了解孩子的上网信息。父母多关心他们在网上的活动即可，最好像朋友一样跟孩子进行富有亲和力、平等的沟通，这样更容易被孩子接受。最好是多陪伴孩子一起上网，对孩子在上网过程中遇到的问题进行直接和及时的指导，这样还可以促进亲子交流，拉近和孩子的心理距离，使自己真正成为孩子的朋友。

不让孩子在无人监督、自由放任的情况下使用网络，预防和避免他们的网络无礼言行。

注意劳逸结合，正确上网，适度娱乐，在不影响学习的前提下，安排一定的上网时间。上网的时间不要过长，注意保护视力。

● 与孩子签订契约，防止孩子沉迷网络

许多孩子之所以沉迷网络，是因为家长没有事先给孩子制定用网的规则。现在许多孩子行为没有准则，缺少规则意识。父母对待孩子上网的问题，应该培养孩子的契约精神，和孩子提前做好约定。

没有规矩，不成方圆。建立孩子的规则意识，让孩子按规矩行事，是父母对孩子教育的一项很重要的任务。网络之于孩子，就是学习的工具和开阔视野的窗口，也是适当娱乐的工具。父母要引导孩子"学会"上网，让孩子懂得，上网也要遵守必要的规则，不可打乱正常的学习生活秩序。

因此，在孩子上网前，父母不妨与孩子签订一个上网的君子协议，以此来规范和限制孩子上网，并对执行情况实施奖惩办法。父母要少批评、多鼓励。比如，每天完成学习任务后，可以玩一小时的游戏，如果有一天拖拖拉拉不好好学习，那么就减少其半小时的玩游戏时间……父母和孩子签订上网协议，规定孩子上网的时间、内容、文明道德行为准则等，就相当于孩子上网前对父母的承诺，是对孩子上网的约束。长期以往，不仅可以控制孩子对网络的依赖，养成孩子良好的学习习惯，还能培养孩子言出必行的诚信精神。

第4章

提高家教智慧，
和孩子一起提升网络素养

网络已经深入到了孩子的学习和生活中，然而，许多父母和孩子由于缺乏系统的网络素养教育，在选择、理解、评价各种网络信息时所表现出的综合素质较低。因此，加强孩子的网络素养教育，帮助孩子高效利用网络为个人的学习和成长服务，是提高当代父母家教智慧的重要方面。不仅孩子需要网络素养，父母同样也需要。

1. 树立良好家风，父母要以身作则

父母是孩子最好的老师，孩子从小就深受父母的影响。如果父母不能以身作则，不能正确地对待网络，而是沉迷网络，无疑会给孩子造成伤害。孩子很容易像父母那样，沉迷网络，把美好的人生葬送在网络世界里。很多父母发现孩子沉迷网络后一味责怪孩子，或是痛恨网络，其实他们更应该反思自己。

马志的妈妈买了电脑，最初只是为了和远在上海的丈夫通过 QQ 聊天，通过视频见个面。可后来，真正和丈夫聊的并不多，而是迷上了网络游戏、网恋，每天晚上玩到三四点。后来马志发现妈妈上网成瘾，并得知爸爸要和她闹离婚。为此，马志很有压力，他不希望父母离婚，每次听到两人在电话里争吵时就非常紧张。一次，马志夜里醒来，发现妈妈坐在电脑前聊得火热，马志心想：家就快散了，她怎么还能聊得这么欢呢？渐渐地，马志无心学习，他想逃避，于是经常去网吧。每次他向妈妈要钱上网时，妈妈都不会拒绝，只是随口说一句"早点回来"。终于，马志玩网游成瘾了。

可见，家风对孩子的熏陶影响巨大，是塑造孩子的无形的力量。家风是无字的教科书，父母的生活修养、言行举止、行为习惯，无不对孩子起着润物细无声的作用。

● 父母需要检视自己的行为

好家风是孩子成长的能量源，好的家风，是开启孩子人生之路的大门的金钥匙，不良的家庭氛围，对孩子的成长起着不可忽视的负面作用。什么样的父母就会教育出什么样的孩子。

网络社会，父母理应成为孩子网络安全的第一责任人，教会孩子正确使用网络，抵御网络带来的负面影响。然而，许多父母由于自身网络素养不足，也沉迷其中。

其一，父母忽视了对孩子健康的兴趣爱好的培养。有的父母只把注意力放在孩子的文化知识上面，却忽视了对孩子兴趣爱好的培养。兴趣和爱好正是孩子形成个性特长的有利条件，培养孩子的兴趣、爱好，使其更上一个台阶，比补救文化知识缺陷更重要。

其二，父母自己沉迷于手机。很多父母沉迷于手机无法自拔，有的父母在陪孩子做作业时，手机不离手。家庭教育中更重要的是父母要以身作则。

其三，父母疏于对孩子的管教。有些父母为了事业、生计或其他原因，疏于对孩子的监管，孩子长期处于"散养"状态，有点钱就去打游戏，这是对孩子的不负责任。

● 从严治家，必先修其自身

己所不欲，勿施于人。要让孩子自觉养成严格要求自己的品行，父母首先要从严要求自己，做到以严治家从自己开始。父母是孩子最好的学习榜样，孩子是父母的影子。父母的言行举止都在潜移默化中影响着孩子。所以，父母如果希望孩子能做到某些事情，父母不是一个简单的施教者，而要首先成为孩子成长的榜样。

其次，父母要正确使用网络和电子产品，避免自己沉迷网络。最好在家放弃自己的个人娱乐而选择和孩子一起玩，哪怕是一起玩网络游戏。

再次，和孩子一起建立明确的网络使用规则。规则一旦建立，父母和孩子都要严格遵守。建立规则是给孩子一个观察父母行为的抓手，也给父母一个自我约束的警示，父母要记得自己是孩子的榜样，要时刻注意自己的行为。

最后，要时常倾听孩子的想法和看法，从倾听中了解自己这面"镜子"发挥了怎样的作用。

只有熊父母，没有熊孩子。父母自身的优良品德修养正是优良家风形成的前提。孩子的一举一动都是对父母行为的消防，父母起到好的表率作用，才能给孩子积极的影响。所以，父母凡事都要严格要求自己，为孩子树立榜样。父母要首先明确自己的身份，适当地放下手机，先培养自己健康阳光的兴趣爱好，和孩子一起在交流中互相学习，多跟孩子讨论一些"有营养"的话题，这种互动不仅能够拓展孩子的知识面，也有利于促进父母与孩子的感情。

想要改变孩子，做父母的首先要改变自己。你想让孩子变成一个什么样的人，自己就先变成那样一个人，给孩子做做榜样吧！

2. 扮演好在孩子网络素养教育中的角色

良莠不齐的网络信息，对青少年的成长形成了巨大的冲击，并在很大程度上影响了他们未来的价值观念。培养青少年的网络素养，使他们学会如何去接触、理解、辨析、使用和处理网络信息，学会文明、理性地进行网络生活，已是当下父母的重要日程。

应对互联网的挑战，父母还需进行自身角色的转变。与当今的"数字原住民"相比，父母普遍存在互联网使用技能上的欠缺，缺乏对孩子喜闻乐见的网络文化的了解，影响与孩子的融洽沟通，不能有效制止孩子浏览网络色情信息和错误的三观思想。如果再以长者、教育者自居，显然不合时宜。所以，父母应舍弃传统的教育观念，在尊敬孩子、平等沟通的基础上与孩子互动。"蹲下来"向孩子学习、同孩子一起成长。这是父母应对互联网发展和孩子成长双重挑战的最佳选择。

父母是孩子网络行为和网络态度养成的老师，也是网络素养教育的施力者，相比学校和其他途径来说，对培养孩子网络素养具有不可比拟的接近性和亲和力的优势，应该担负起孩子的网络素养教育的主体角色。

●学习者的角色

网络时代，"向孩子"学习已经不再是一种时髦的口号，而应该是许多父母实实在在的行动。而且，父母只有在对网络有更系统的认识的基础上，对孩子上网的引导才会有针对性，更有效。父母积极响应网络素养教育，才更有资历教育自己的孩子。在对孩子的网络素养教育中，必须同时将父母纳入这个学习圈中，父母和孩子可以优势互补，一起学习网络，共同提高网络素养。

父母要扮演好"学习者"的角色，要以学习者的面貌出现，干预学习，尤其是要学习网络基本知识，敏锐地发现孩子上网过程中的问题，更准确地抓住问题的关键点进行介入，避免走入家庭网络素养教育的误区；还要学习教育中的心理学知识，以更好地了解孩子，使得对孩子上网问题的介入工作更见成效；同时，亲子沟通时的语言技巧和方式选择技巧也要学习，以提高亲子互动的效率。

●计划者的角色

每个孩子都有不同的特质，只有发现孩子的特质，为孩子提供成长的土壤和养分，因材施教，让他成为他自己，才会起到效果，否则，盲目管教，反而造成孩子的心理上的抵抗。父母需要搞清孩子上网的动机与偏好，有针对性、有计划性地引导孩子上网。

与其同网络争夺孩子，父母不如同孩子一起制定上网时间表，对孩子进行巧妙地引导；为孩子营造和谐的家庭环境，避免孩子因心理缺乏家的温暖而躲进网络；和孩子一起选择有益的教育网站，提高学习力，自觉抵制不良信息。

●示范者的角色

与其说教，不如父母以身作则，为孩子树立表率作用，这是父母引导孩子上网的最佳方法，所谓言传不如身教，正是这个道理。这个角色要求父母持续不断地给孩子树立言而有信的榜样。父母不能一味地在禁止孩子上网的同时，自己却沉湎网络难以自拔。父母在面对诱惑时所表现出来的严于律己的表率行为，往往比口是心非的说教更有效果。如此，当父母对孩子提出要求时，他也不会再去抗拒和叛逆。

●参与者的角色

共同参与是指父母要参与到孩子上网的行为中，包括与孩子一起用网，一起制定上网计划与规则等。共同参与，是父母与孩子对话交流的好机会。父母应视与子女互动的模式而调整参与的程度，不能把孩子当成全然的接受者，父母不要以为只要与孩子有对话就是沟通，如果父母能给孩子一种支持，一种情感上的安慰，和孩子进行平等、真诚的交流，才能打开孩子的心扉。

●引导者的角色

网络社会中，最重要的是培养孩子选择、思考、判断及分析信息的能力。父母要帮助孩子培养搜索和运用逻辑思考的能力，引导孩子在不知不觉中完成自我调整，将良好的网络使用习惯内化为个人的经验。如果孩子在一开始接触网络时，父母多花点时间和孩子进行沟通，多给孩子一些关爱，营造一个温暖、民主的家庭气氛，孩子沉迷网络的可能性将大大降低。

● 管理者的角色

网络信息异常丰富，同时也鱼龙混杂，在不良信息泛滥的时候，过滤自然成为必要手段。父母应与老师经常沟通，共同建立起有效的监控系统，控制好孩子的上网时间和上网时长。对自控力较低的孩子，父母可以"任命"自己为孩子的管理者，考虑在电脑中安装过滤软件，为孩子构建安全的屏障。但这样做应本着尊重孩子的精神，先跟孩子讲明道理，征得孩子的同意。

对于不同网络使用的孩子，父母干预的类型也应有所不同。父母应记住的是，管理孩子的上网时间，是为了避免孩子受到伤害，而不是为了禁绝快乐。

3. 父母要先弄清孩子在网上玩些什么

你真的了解你的孩子在玩什么吗？你有沉下心去进入他的世界吗？对于孩子，我们每一个人要有一双儿童的眼睛，有一颗可以用孩子的语言来理解他的心。你是否真的去尝试着理解，去看看这是什么游戏？起码你跟孩子要有一个共同的话题，建立一个沟通的通道之后才有可能解决所谓的"沉迷"的问题。

此外，父母不应该轻易地给任何一个孩子下一个定义，即一看到孩子上网，就给孩子贴上坏孩子的标签。上网的孩子并不就是坏孩子。上网也是一种放松压力的娱乐方式，能够懂得自我控制便是好孩子。

主持人柴璐曾经讲到她一个同事，从小学到现在，她从来没有要求过孩子的学习成绩，从来不看他的班次排名，或者上课外辅导班，但是她儿子的学习一直是在全年级前三名，而且还考进了清华附中。我问她："你儿子玩游戏吗？"她说："玩"。我说："限制每天玩多长时间？"她说："我不限制，他爱玩多长时间就玩多少时间。"我说："那怎么行？那岂不会影响学习吗？"她说："不会。你越是不限制他，他反而很自觉，他说到一个小时关，到时候他就真的关了。"那个小孩把能玩游戏的电脑放在奶奶家，自己家里的电脑是不能上网玩游戏的，只是每到周末可以玩游戏的时候就跑到奶奶家玩一会儿。

这是一个很好的例子，这个孩子也是非常自觉的。

● 玩是孩子的天性，关键要看孩子玩什么内容

玩也是人生的一部分，人不可能不玩，问题是何时玩和玩什么。就拿孩子在网聊来说，父母要意识到，孩子通过网络交往也是人际互动正常的渠道，一提到孩子在网上交友就绷紧了心理上的弦，实在没有必要。其次，要明白孩子上网聊天的目的，才能对其进行有针对性的指导。

父母要分清自己的孩子网上交往的动机，对孩子正常的网络，没有必要多加制止。对于把网络当成精神寄托的孩子，更多的是引导其意识到网络之外还有另一个更真实的世界，要多带孩子参加现实中的活动，或去大自然中游览，引发他们对真实世界的爱和热情。对于因为孤独而沉迷网聊的孩子，父母要对孩子更加关爱，给予孩子家庭的温暖。当然，无法自拔、陷入其中的属于缺乏自控力。

那么，为什么有的孩子通过上网充实了自己，而有的孩子一上网就"堕落"了呢？这就必须了解孩子上网的内容，孩子在网上看什么、玩什么，远比要不要孩子玩更重要！

● 上网的孩子未必是坏孩子

2017 年，16 岁的郭蕊进入赣州师院附中，成为该校一名很特殊的学生。由于身体的原因，学校特许郭蕊可以不用到校上课自己在家学习。郭蕊在 2011 年 7 月才开始接触网络。机缘巧合，郭蕊刚一触网，就遇见了世界互联网华人第一宗师 Tom Hua，也有幸成为了 Tom Hua 在中国的第一批学员，很快，Tom Hua 帮助郭蕊打开了互联网的大门。学习课程没多久，郭蕊就开始运用 Tom Hua 教授的方法一天赚进了 1 万多元。虽然比起 Tom Hua 的其他优秀学员，这个成绩还有很大一段距离，但对于郭蕊来说，Tom Hua 教授的方法简直太神奇了。

现在郭蕊也出版了一本自己的电子书，并用电子书来推广 ClickBank，

得到全球大赛冠军。郭蕊还计划出版更多的电子书。

其实，上网的孩子未必都会学坏，沉迷网络的孩子也并一定是毫无前途的坏孩子。孩子喜欢上网会不会变坏，选择权其实掌握在父母自己手里，网络时代的父母千万不能一味地给孩子贴上"坏孩子"的标签。

●让孩子成为既能"上网"又能"下网"的人

首先，父母要为孩子做好表率。不少孩子每次走出网吧后都会承认错误，但就是不改。从表面看，是由上网而引起的，但其中存在两个问题：父母的诚信表率如何；孩子的自控能力如何。父母要与孩子一起分析，要想改，光承认错误是不够的，战胜自我才是关键。

父母还要走出"羊入虎口"的思想误区。很多父母都担心孩子上网会"学坏"，生怕孩子"羊入虎口"，因为他们被网上那些触目惊心的负面报道的案例给吓住了。

孩子上网到底会不会变坏，完全取决于孩子自己选择什么——孩子有什么样的价值判断，就有什么样的选择。孩子追求和选择什么，选择权都掌握在孩子自己手里。

一位家长提到："网络就像一张覆盖全球的蜘蛛网，上网只有两种结果，要么被网缠住不能自拔，要么将网撕破。可没有自制力的孩子不具备破网的能力，所以只能被网缠住。"其实，这位家长没有想到，上网还有第三种选择，即做一只快乐而理智的蜘蛛，在网络中编织自己美丽的世界。父母应该做的，就是引导孩子正确上网，做一个既能"上网"又能"下网"的人。

4. 引导孩子正视虚拟世界与现实世界的关系

网络中虚拟的东西，具有非常大的吸引力，尤其是当孩子痴迷其中以后，每天都会想着：我的财富到了多少，我的级别升到了多少……孩子由于心理和年龄的原因，很难控制好自己的行为。他们往往把虚拟的网络世界和现实世界混为一谈，不自主地迷失在虚幻的网络中。由于沉溺网络而发生的一个个悲惨的故事，震撼着每个父母的心灵。

太多的孩子沉迷于虚幻的网络世界，对真实的世界失去了兴趣和热情，一些长期玩网络游戏的孩子，将游戏化的焦虑带到现实中，从现实中寻找类似的体验，从而表现出很强的攻击性，给心理健康带来消极影响。

所以，父母一定要让孩子与网络游戏保持一定距离，预防孩子在网络的虚拟世界中迷失，防止孩子混淆虚拟世界和现实世界的关系，将孩子的兴趣引向健康的方向。面对社会的种种诱惑，父母要教会孩子学会约束自己，克制自己，学会驾驭自己的人生。

如何引导孩子正视虚拟世界与现实世界的关系，这里有几种方法：

●疏导法，帮助孩子认识网络的工具与娱乐的二重性，然后趋利除弊

网络具有强大的工具性和浓厚的娱乐性，孰重孰轻？这就要看使用者的追求。人们玩电脑不能纯粹地像孩子一样玩，而应该利用电脑的工具性，学习知识，进行探索，哪怕是在玩的时候都不能忘记这一点，在玩中学习，在玩中创造。比尔·盖茨对电脑爱得如痴如醉，但他却不是纯粹的玩，而是玩的编程，自己动手编写游戏程序。还有三个喜爱玩电脑的人，为了让更多的人在网上打扑克、下棋，也开始编写程序，历时一年的时间建立了联众网，于是才有了后来的互联网游戏。

孩子更应该玩。但是，玩过度了，就会玩物丧志。这就好比游泳，在大海中游泳，好玩，尽兴，但如果游久了，就会因精疲力竭而被淹死。善于用网，网络就是一笔宝贵的财富；不善于用网，网络就是一把杀人不见血的剑。

●引导孩子走出虚拟世界，追求生活的真实

在网络游戏中，孩子虽然可以成为搏杀的英雄，练级的高手，过关斩将挣分的佼佼者，但回到现实中，他却仍然是他。虚拟的世界给孩子带来的只是暂时的快感和安慰，就像麻醉剂，只能麻醉一时的疼痛，药性一过，病灶还是原样，疼痛仍在继续。聪明的孩子能清醒地看到网络游戏虚拟的这一特点，毅然地跳出网络游戏的泥潭，清醒地面对现实生活。在现实中，虽然要通过流汗才能前进一步，但这却是实实在在的一步。只要能持之以恒地一步步向前，终将实现一个大跨越。

●教育孩子吸取别人的教训，不重蹈别人的覆辙

人们常说，聪明的人不会在同一个地方摔两次跤，而更聪明的人是在别人摔过跤的地方自己做到不摔跤。父母可启发式地问孩子："眼睁睁地看到某个小孩因为沉溺于网络游戏而演出了某种悲剧，难道你也要重演这

样的悲剧吗？眼看到某人成了网络游戏的牺牲品，难道你们也要牺牲在网吧吗？明知故犯的人不仅是愚蠢，而且是蠢得不可救药。"如果父母能举出大量的实例，孩子就一定能从中受到启发和教育。

● 用激将法将孩子激出网络游戏的虚拟世界

激将法，就是指用反面的话刺激对方，使对方决心去干某事的做法。激将法对自尊心强的人很有效，你只要从反面一激，他那颗争强好胜的心就会立马活起来。

父母也可运用激将法，将电脑瘾君子激出网络游戏的虚拟世界。例如，在孩子心情愉快的时候，父母可用引导鼓励的口吻对孩子说下面这些话：

"聪明的人专门编制游戏程序让别人玩，而愚蠢的人只能如痴如醉地玩别人编制的游戏。孩子，你今后会成为什么样的人呢？我们相信你，一定不是一个只会玩别人的东西的人。"孩子也许会这样想：放心吧，我可不是傻孩子，说不定哪天我也会编程，让别人玩玩我编的东西。

"有的孩子陷进网络游戏的泥潭后想拔出来却始终拔不出来。孩子，如果是你，你有毅力把自己的双脚拔出来吗？"孩子听后就可能会很自信地想：什么游戏会有这么大的魔力？我就不信这个邪！

"网络游戏是一个黑色的诱惑，有些孩子被迷住后只能被牵着鼻子走，他们走得拢，却走不开。孩子，这种诱惑力对你有多大？你想走开的时候走得开吗？"孩子听了这样的话后就可能满怀豪情地想：我走不开？哼！

当然，父母不能把上面这些话一次对孩子说完，而要分几次说，而且是选择孩子愉快的时候说，效果才好。

第5章

网络是
学习娱乐的工具

　　著名文化学者于丹告诉孩子们，上网本身不是错，但一定要掌握好度，就像酒喝多了伤肝。"这个世界上很多的东西错不在本身，而在人的沉迷，一旦过度就过犹不及。"孩子上网有两个关键，一是要把握"度"，二是要正确引导。父母对孩子上网既不可放任自流，又不可管得太严，最好的做法就是谨慎放手，还要采取相应的"制约"措施。

1. 理性认识孩子对网络的兴趣，指导孩子提升网络学习力

数字时代，网络是一把双刃剑。网络是现实世界的缩影，通过网络可以足不出户地看世界，沟通不受空间的限制；网络也是一个信息集散地，网络的开放性与自由性又导致各种信息泥沙俱下，不良的信息大量充斥其中，真假混淆。

因而，网络既可以成为孩子学习的好帮手，让孩子更多更快地接受信息，认识世界；也可能给孩子带来负面影响，使孩子乱交友，打游戏，沉迷其中等。最后的结果，关键在于父母如何去引导。父母要做的就是提高孩子的分辨能力，从海量的信息中甄别精华，剔除糟粕。

一些父母在孩子进入初中后，就会感觉在辅导孩子学习或上网方面感到有些吃力了。有的父母本身学历就不高，遇到孩子学习不好或学习上遇到问题只能干着急，或是因为孩子整天打游戏，只知道担心害怕，却找不到正确的切入点，很多聪明的孩子就这样被耽误了。

其实，网络本来就是用来辅助学习的利器。使用网络作为孩子的学习辅助方式，有助于提升孩子的学习力。在保证网络安全的情况下，父母可以让孩子上网搜索、寻求答案作为学习的辅助手段，弥补父母能力缺失造成的教育缺位。

事实上也确实如此，很多的孩子开始在网上学习，老师用微信布置作业，孩子也借网络作业的时间来更多的上网。例如，武汉市的一些小学老师，已经开始在网上布置作业，或鼓励学生们自己在网上学习。武汉硚口区名师杜旭霞认为："适当让孩子触网，利用网络，鼓励其参与拓展性的作业，有利于激发孩子的学习兴趣。网络作业一般都是开放性的题目，答案更多元化，可以有效培养学生的个性。"

所以，如何合理地控制孩子在网上的时间，引导孩子合理利用网络提高学习力，其重要性也越来越突出了。

● 把网络当成学习机

有的父母逃避网络，认为孩子上网会耽误学习，有的父母对孩子没有任何限制，这样都是不好的，父母要走出思想的误区。

父母要认识网络学习的优点，引导孩子利用网络进行学习。网络学习的优点在于它可以反复学，时间可以随心所欲，有针对性地学习等。要教育孩子不能仅仅把它当成消遣的工具，而是要把它当成学习工具，从中慢慢吸收它提供的各种知识，从而在学习上助孩子一臂之力。教育专家陶宏开就充分肯定网络学习的模式，倡导孩子利用网络学习。

父母要学会选择，和孩子一起在浩如烟海的互联网中学习，找到切实可行的方法来提高学习成绩。父母自己要善于学习，提高自身的网络素养，以身作则，为孩子提供榜样，并为孩子在网络学习上提供有效的指导。例如：与孩子一起商讨网络学习计划，为孩子挑选有价值的网络资源，分享学校网络教育资源；注重培养孩子的自主学习能力，帮助找到有价值的网络资源；帮助孩子养成独立思考的习惯，减少对网络的依赖；充分利用网络的互动功能，促进孩子网络学习效果的最大化。

● 与孩子一起上网

父母再忙，也要至少有一个人挤出时间和精力，与孩子一起上网，言传身教，修正孩子对互联网的片面认知。但父母要以孩子的朋友、玩伴甚至学习者的姿态出现，不能以监督者的姿态出现，与孩子共同查找资料、探讨问题，引导孩子将注意力集中在上网学习上。比如孩子上网学习英语时，可以进入正规的英语学习网站中，获得课外知识，提高英语水平。父母利用孩子的兴趣，正确引导孩子用一些有价值的网站，如优秀的科普网站、教育网站、美文欣赏网站等开发智力的网络学习资源吸引孩子的注意力，让他很容易从网络上找到学习的内容，学习科普、编程、绘画、围棋等知识和能力，趣味性的学习内容吸引孩子的注意力，让孩子在"玩"中学习，还能引起孩子的兴趣，从而提高学习效果。

● 网络学习只是辅助，不可依赖网络

很多的孩子面对学习上的难题，陷入了坑里，他们不再查找书本，深入思考，完全依靠上网搜索答案，一有搞不懂的问题，第一反应就是"百度去"，产生了一种思维惰性。可是，过于依赖网络，就会失去思考的积极性，长此以往，就会失去思维的创造力。而且，"唯网是从"，结果也可能会出错。有一位妈妈就讲他的孩子，考试中有一道题是默写杜甫名句"出师未捷身先死"下一句，孩子答的是"常使英雄泪满襟"，而正确答案则是"长使英雄泪满襟"，因为孩子是从一个网站上记下来的。要知道，互联网这本"百科全书"如果不加甄别，就会以讹传讹。一味依赖网络，不利于孩子思考能力的培养，还助长了孩子的惰性。因此，父母们还需教会孩子：可以依靠网络，但不能依赖网络。千万不能用搜索代替思考，用鼠标代替书籍。

2. 用好书培养孩子的阅读兴趣

　　网络浪潮的冲击、沉重的学业压力，使青少年学生"都说读书好，都喊没时间读书"。与此同时，功利性阅读正影响着孩子的阅读品位，甚至造成他们对读书的怨恨。另外，以网络为代表的新兴传播方式的兴起，也使孩子越来越"不习惯"传统的阅读方式。

　　于是乎，很多好书被埋没在劣质的印刷垃圾之中，无法与孩子相见；一些本来应该亲近好书的时间，被更多的作业、培优班、电玩游戏产品占据，青少年阅读的纸质书籍被屏幕阅读替代，使他们逐渐远离好书的芬芳。

　　有一位叫"橘子味也"的网友透露她的亲身经历：一天，她到表姐家赴宴时，正赶上 8 月 31 日，小外甥正在书房里赶作业。表姐跟她唠叨："这孩子，整个暑假不是上网玩游戏，就是玩手机，老师布置的课外阅读都没读，暑假作业留到最后这几天才忙忙碌碌地赶，时间都花到网上去了。"表姐两口子事务繁多，孩子都是婆婆在照看，虽然不是留守，基本上也处于放养状态。小外甥每天放学后，基本上就是趴在电脑上或是捏着手机，暑假也都在游戏中度过，失去了对学习的兴趣。表姐告诉她，就这个学期的期末考试，孩子在作文里用了不少的网络热词，什么"陈独秀你坐下""李时珍的皮""逗比"……，为此作文扣了很多分不说，还被老师约谈，让她加强对孩子上网的监管。表姐不禁感叹："现在的孩子啊，都跟网络学坏了。"

许多孩子把大量的时间花在了游戏、网络阅读、搞笑视频上，真正用在读书上的时间少而又少。为此，越来越多的父母呼吁：孩子，为了你的未来，请不要远离书香！走出网络，沉下心来，读一本好书吧！

● 网络时代，如何引导学生读书

网络时代，引导孩子读书要遵循两大原则：一、要培养孩子良好的读书习惯，父母要帮助孩子建立科学的读书观，使他们对书籍产生浓厚的兴趣，努力指导他们掌握基本的读书方法和技巧，形成良好的读书习惯；二、引导孩子科学把握网络阅读，实事求是地说，网络的丰富知识为青少年知识的再创造提供了条件，但另一方面，网络中的东西良莠不齐，对缺乏判断力的青少年而言，难免会产生负面影响。父母要积极引导孩子自觉远离网络糟粕，有选择地进行网络阅读，将个人追求与网络阅读和学习相结合。

网络时代引导孩子读书还要奏好四部曲。

一、指导孩子选择好书籍。父母应注意引导学生阅读健康有益、积极向上的书籍，想方设法激发其阅读兴趣。

二、教给孩子正确的读书方法，如有些书可以泛读、精读，有些书需要细读慢品，摘录好词好句、写读书笔记等，还要不定期进行检查和指导，帮助孩子养成良好的读书习惯。

三、把阅读当作朋友。书籍是人最好的朋友。心里烦闷的时候，找本好书看看，它将陪伴我们展开翅膀飞上蓝天。当我们引导孩子投入其中，亲身体会到阅读的妙处，把阅读当作朋友，可以让孩子在不知不觉中获得感受。父母可以将孩子的读书计划化整为零，循序渐进地指导孩子阅读。孩子把阅读当作朋友，就会自觉扩大阅读面。

四、见缝插针，丰富自己。看书，既是一种休息方式，也是充实自身的手段。

● 父母先做读书人

网络娱乐化过度，很容易使孩子淹没在安逸沉沦中，丧失思考能力。培养孩子的文学素养是重中之重。文学的积累，可以让孩子突破自我的局限，与更多优秀的灵魂对话，使孩子胸有丘壑，思想充实。

网络快餐文化不能一概判定为坏，但对"三观"未成的孩子来说，最好还是一步一个脚印，多读经典书籍，多读好书，培养扎实的文学素养。《中国诗词大会》上，有一位年仅 16 岁就拿下冠军的豆蔻少女武亦姝，从小就浸润在文学的怀抱中，长久的文学积累，造就了她温婉知性，腹有诗书气自华的气质。一个人读过的书，终将沉淀到漫漫人生，从而改变一生。

每个爱读书的孩子背后都有一个书虫的父母。父母应当是学生读书最重要的引领人，要做好这个引领人，父母应先是一位手不释卷的读书人。父母孜孜不倦地读书，陶醉于书香之中，以榜样的力量引导孩子走向传统阅读。父母从来不读书，孩子很难知道阅读有什么意义。

● 电子阅读还是纸质书，父母该如何为孩子选择

网络阅读是对书本知识的良好补充。网络阅读和传统阅读效果大不相同，网络阅读更多地呈现碎片化阅读、快餐化阅读、浅阅读，鼓励人们浏览，阅读之后，给人的记忆往往不深刻，影响孩子对作品的整体理解。这种阅读方式还很容易让人变得心浮气躁，等再想深刻阅读、仔细琢磨这些内容时，心已经沉不下来了。

一位资深的语文老师说："如果中小学生长期依赖网络阅读，课外阅读量尤其是经典阅读量势必减少，深度阅读严重不足，在审美阅读、情感阅读、拓展心智的阅读方面严重缺失，最终导致孩子们语言肤浅、文化品位降低，难以养成思考的习惯，不去关注现实，也不去关注自我的内心。"

孩子阅读经典图书的过程，是孩子轻松理解作者思想精髓的过程，经

典作品经过了岁月的淘洗，是经过人们公认的具有思想含量、对孩子心灵的滋养润物细无声的作品。其中的"营养"是超越学业的，它足以改变孩子的一生，无论电子书还是纸质书籍，它们之间只有分立，没有对立，能否坚持一种深得人类菁华滋养的阅读习惯才是最重要的。父母在引导孩子上网的同时，还要用好书培养孩子的阅读兴趣，无论这种书是来自纸质的图书还是网上的电子版的书籍。

3. 别让孩子成了网络娱乐的玩物

　　网络的娱乐性存在很多的风险和值得注意的问题，如"网瘾"的问题、不良信息传播的问题、黄色信息的问题等。比如，"王者荣耀"和"吃鸡"还在令许多父母焦头烂额时，快手和抖音又火起来了。这些网络视频APP，裹挟着多少不经世事的孩子加入其中，有的孩子刚走出"荣耀"的坑，又掉进了"抖音"的坑，至于学习，在放到一边喝凉水去了。

　　《2017 ~ 2018 年首都青少年上网行为研究报告》指出，当下，青少年网络使用更多地偏向于休闲娱乐，而真正有利于青少年成长的正向价值却很少得到充分利用。在青少年上网的目的中，排名前三的就是网络游戏、聊天交友和查资料。按上网行为分类，娱乐是主要目的，其次是网络社交。青少年较喜爱娱乐、电竞类题材的网络主播，有 12.9% 的青少年还表示愿意给网络主播打赏。报告还指出，青少年容易受直播平台不良内容的影响。这几年，因"王者争霸""吃鸡""抖音"等平台牵涉的事故数不胜数。

　　一到暑期，有些孩子像脱缰的野马似的，整天抱着手机电脑玩不停，甚至连吃饭睡觉都不顾，学习作业抛却九霄云外。

　　网络的丰富多彩和多元化特点，在为青少年提供学习资源的同时，也为他们提供了消遣、娱乐、放松精神的空间。娱乐心理是青少年在虚拟的网络空间的典型心理。他们通过网络游戏释放学习和生活的压力，摆脱和缓和心理上的紧张和压抑的情绪；通过网络电影、短视频、音乐等获得平衡感，也为生活增添了一抹光彩。青少年孩子也需要必要的网络娱乐。然而，正如古人所说："勤有功，戏无益。"虽说"戏"并非完全无益，但毕竟需要有一定的尺度。过度"戏"，就会成为网络沉迷。青少年孩子沉迷网络游戏，为网络游戏或其他网络娱乐耽误学业、耽误前程，甚至为了上网而迷失自我，失去基本的传统道德，这是真正的为了网络而疯狂了。所以，对青少年网络娱乐还应一分为二来看待。

● 网络娱乐对青少年的好处

从积极态度出发，网络娱乐对于正在背负着压力和其他重负的青少年来说，有四大好处。

一、网络娱乐的互动性特点满足了青少年日益增长的参与意识。体现了参与的平等性，提供了青少年自信的条件，化解了青少年成长的心理压力。在互联网娱乐面前青少年得到了彻底平等的参与机会，他们通过轻轻松松的自愿娱乐得到精神的慰藉，减轻了成长的压力。一句话，他需要玩，这里好玩，他的压力就得到化解。

二、网络娱乐载体的信息海量和无限性，开阔了青少年的视野，满足了青少年求知的欲望，满足了青少年个性形成和发展的需要，同时也促进了青少年思维能力的训练。青少年可以把求知和娱乐的触角伸向无边的世界，在多元文化的接触当中使青少年得到精神的满足和思维的训练，给他提供足够的营养。

三、网络娱乐提供和普及了各种新颖的愉悦手段，也提供了对人生选择进行尝试的试验条件。

四、网络娱乐的休闲性，使得青少年摆脱了逆反心理，使他们愿意接受网络娱乐中的教育因素。因为它是休闲娱乐，青少年的逆反心理对这一类的内容是不设防的，在这里加入一些积极的教育内容，能使孩子比较容易接受。

●别让孩子成了网络娱乐的玩物

虽然网络上有许多孩子喜爱的事情，但父母应该教育孩子把握好主次，知道该干什么，不该干什么。青少年的主要任务是学习，上网应该作为学习的辅助工具，玩游戏等娱乐行为虽然无可厚非，但学习才是第一位的，娱乐只可当作学习之外的放松手段。

网络娱乐是青少年生活的调剂，但不能过于沉迷其中。学业是青少年生活的重心，在学习之余通过适当的网络娱乐放松神经，但一定要适可而止。父母要教育孩子认清娱乐的目的是为了更好的学习和愉快的生活，并引导孩子提高其自制力。过于网络娱乐化，是以牺牲学习为代价的，虽然可以暂时地释放学习压力和竞争压力，让心情得以缓解，但时间久了，还会被网络蚕食孩子的学习力和专注力，逐渐丧失进取心和思考的能力。如果孩子成了网络娱乐的玩物，是得不偿失的。

因此，为了你的孩子，请教会孩子学会自我控制，拒绝抖音和快手，远离"荣耀"，少"吃鸡"，真正把心思放到学习上。

4. 大禹治水，疏而不堵

相传远古时，洪水泛滥，舜帝派鲧治水，鲧堵而不疏，洪水到哪儿就堵哪儿，结果洪水泛滥，造成很大灾害。后来，鲧的儿子禹继续治水。他采取疏的办法，使百川归海，其功告成。鲧禹治水，方法不同，其结果迥异。

父母们教育孩子也应使用疏导的方法。教育上有种叫"禁果效应"的说法，意思是越是不准孩子干的事，孩子越是要去做。因此，当父母认为孩子不能做的事，最明智的做法是疏导，而不是采取粗暴强硬的办法去堵。

许多父母给孩子配了电脑或手机，希望孩子能利用网络资源拓宽视野，学习新的知识。然而由于缺少对孩子上网的正确引导，许多孩子上网只以玩游戏、聊天为目的。

2018年9月初，中国青年报社会调查中心对2000名中小学生父母进行了一份调查，结果显示，87.3％的父母表示自己周围沉迷于网络游戏的中小学生多。广东某外企员工，他的儿子11岁，很喜欢玩网络游戏，特别是父母不在家时，玩得更凶，周末和节假日从早上7、8点要玩到晚上12点，这位父亲还说，儿子还曾拿着爷爷的微信给游戏充值了好几百块钱。一位叫胡彬的父亲，有一个正在读初三的女儿，他坦言女儿一放学就打开电脑玩游戏，有时把饭碗端到电脑旁边吃饭边玩，都快中考了，脑子里完全没有复习的概念。

调查显示，农村中小学生玩网游的现象非常普遍，尤其是留守的孩子，不少孩子偷偷到网吧打游戏，有时会玩到深夜，到了白天上课时，往往精力不集中，打瞌睡，和同学谈起游戏情节或"打怪"技巧时则全复活了。到最后，越来越多的孩子沉迷于游戏而不可自拔，成绩一落千丈，父母们愁云满面，为孩子过于沉迷网络而焦虑。

浙江一位校长曾带着 20 个不同年级的孩子去乌镇游学，坐车或者等餐的时候，所有孩子争分夺秒低头玩游戏，大点的孩子在玩"我的世界"，小点的孩子玩"贪吃蛇"。尽管这位校长知道孩子对智能手机没有抵抗力，但还是被眼前的"壮观"场面惊呆了。

很大一部分父母把网络看作是毒品，时刻监督孩子、限制孩子上网，有些父母生怕孩子中了网络的"毒"。网络可以使孩子着迷，但并不是家里上不了网，孩子就不会上网了。父母应该都知道，青春期的孩子是很叛逆的，你越不让他们做的事情，他们越是想做，家里的电脑坏了，他们可以去网吧，在网吧，孩子学坏的几率更大。

因此，教孩子正确面对网络，父母需要做的是"疏"，而不是"堵"。大禹治水是以疏导为主，在现代社会中父母是挡不住网络的，父母只有和孩子一起走向网络。

● 湮堵不如疏导

事后补救胜于事前预防。预防孩子沉迷游戏，把孩子的注意力从游戏转到学习上来，关键在于提高父母的教育水平，改善家庭的亲子关系。亲子关系和谐的家庭，孩子很少有思想压力和烦恼，父母能正确对待孩子游戏与学习的关系。父母要营造和谐温馨的家庭氛围，让家成为孩子心灵的港湾。

作为"数字原住民"，孩子不可能离开网络，父母要帮助孩子正确处理网络与学习的关系，帮助孩子改变对学习的态度，让孩子尝到学习成功带来的成就感，使其从"让我学"为"我要学"，增强孩子的内驱力。同时，培养孩子广泛的兴趣爱好，分散孩子对网络的注意力。青春期的孩子正处于叛逆期，父母要懂得避让，尽量不与孩子发生正面冲突，事后再说明理由，讲明道理。

●以一颗平常心做父母

父母要始终怀一颗平常心，平静地看待孩子上网、玩游戏。首先要把自己的担忧和焦虑解决掉，才能理性地处理孩子上网的问题。

玩是孩子的天性，孩子玩游戏的过程，正是自我创造与自我实现的过程。网络游戏反映了网络化世界的生活方式，并提供了具有时代特征的知识。好的网络游戏体现了一定的文化内涵，健康的网络游戏同样能起到学习知识、训练技能、娱乐身心的积极作用。在网络游戏中，孩子自我创造、自我实现，从中获得成就感，获得枯燥的学习中所没有的快乐感。

当父母知晓网络游戏对孩子的意义了，再去反思孩子与电子产品的关系，就不会那么感性地去处理孩子沉迷上网的问题，没有那么焦躁了。

了解孩子，接纳孩子，始终是家庭教育的第一要素。父母的心态平和相当重要。孩子喜欢玩游戏也好，喜欢读书也好，父母不要去强硬地干涉，告诫自己，平下心来，不要发怒。当然，也不是说对孩子沉迷上网就不闻不问了，自己一忙碌就扔给孩子手机，让他一边去玩，这样毫无疑问会增加孩子对网络、对手机的依赖。所以，父母要学会大禹治水，疏而不堵。大禹治水是"顺水性"，父母也可以"顺孩子性"，试着接纳孩子，然后耐心地疏导网络每一个缺口，相信父母们都愿意去"教育"孩子，而不是去"管理"孩子。

●对孩子的疏导是比治理黄河还要有耐心的工程

要知道，对黄河的疏导是一个浩大的过程，而教育孩子的工程同样艰巨。并不是只有孩子上网后出现了问题才需要父母进行疏导；疏导是个慢活儿，要从孩子第一天触网开始，就耐心面对这项工程。在开始将孩子走上网络信息高速公路"自驾"前，父母就应积极地勘察好每一个可能出现问题的地方。这样，孩子才能"平安驾驶"，顺利达到目的地。

5. 正确引导孩子使用手机、平板电脑

如今，网络游戏、智能手机、平板电脑等，无时无刻不在吸引着孩子。而智能手机和平板等电子产品，以多变而有趣的声光刺激以及反应灵敏的可操控性，让孩子对这些电子产品的兴趣一再增强，它们的魅力足以让吵闹不休的孩子瞬间变得安静而专心。

本应成为孩子的学习工具和通信工具的手机和平板，对父母来说，却成了"新型病毒"。一位小学六年级的学生说："如果没有智能手机，放学回家的途中，我都不知道同学们都说什么话了，所以才会不安。我沉迷进去虽然会挨骂，但朋友们说话时我可以插进话。"不少孩子和这位学生一样，睡前的时间必定留给了手机，房间灯一关，手机屏就要亮。睡前拿着手机干啥？刷微信朋友圈、微博、聊 QQ，或是看网络小说、看韩剧等。

一位老师忧心忡忡地说："班上 40 个孩子，近一半配有手机。很多孩子上课时不认真听讲，偷偷用手机玩游戏。有的孩子用手机浏览到色情、暴力等'刺激'内容时，还会截屏保存，私下里传阅分享。"重庆渝北区某小学六年级班主任陈老师也一直在为学生上课玩手机而感慨："有些同学上课时也在用，尤其是上非主科或不感兴趣的课程时。"

沉迷手机的孩子不但缺乏和外界的沟通，人际关系差，对父母的叛逆心理也更强。手机浏览网页、视频和游戏时，缺乏相应的监管，导致很多

孩子受黄色、暴力信息的影响，发生"跑偏"。孩子的专注力及社会互动等方面的发展都可能受到影响。手机隔绝了孩子和外界的关联，增加了孩子的孤独感，使其变得懒散、消沉，生活圈子变窄，甚至对生活失去兴趣，削弱思考的能力，这对孩子的学习影响尤其明显。

相比于手机，生活永远更精彩，多看看外面的风景，比手机其实更有趣，千万不要被智能手机等电子产品操控而沦为"屏奴"。

●别让手机、平板成为电子保姆

也许，毁掉一个孩子最好的方法，就是给他一部手机。父母在一天辛劳工作过后，把手机给孩子不失为一种换取喘息之机的策略。然而，过多的屏幕时间，会阻碍孩子正在成长中的大脑。孩子的大脑处于快速成长的阶段，他们需要的是与人而不是屏幕互动。

电子产品已经成为不可或缺的日常物品，父母需适度地提供及监督孩子使用，规范孩子使用的时间与时机，同时计划其他活动（如户外运动、陪孩子阅读、互动式游戏等）以真正充实孩子的生活。别贪图一时方便而让电子产品成了孩子的保姆。

媒介素养专家张海波认为："00后""10后"的孩子，从出生后就是面对无所不在的网络世界的"数字原住民"，是土生土长的网络时代的宠儿，他们的生活方式与网络息息相关。父母不妨也要做大禹，疏导孩子，像培养孩子的文学素养、艺术素养一样培养孩子的网络素养。

●不要为孩子树立负面"榜样"

很多时候父母只顾着对孩子发号施令，却忘记自己要以身作则。如果孩子沉迷于手机游戏，首先反思的，应该是父母。不要为孩子树立负面"榜样"。著名主持人李小萌用她的亲身体会告诉广大父母："有一次我女儿跟别人形容我时就一句话：'我妈妈只会看手机'。我当时挺挫败的，孩子描述的不一定是全部的事实，但一定是她真实感受。孩子过度依赖电子设备，需要改变的是父母。"

我们时常可以看到，越来越多的父母对手机的热爱有甚于对孩子的关注，父母一回到家就忙着打开朋友圈刷着手机。父母在家用手机也会影响对孩子的关注，减少陪伴孩子的时间，使亲子关系变得疏远。父母忽视了自己的榜样作用，上行下效，孩子怎能不跟着学？"爸爸可以玩手机，我当然也可以。"33岁的"奶爸"刘伟面对10岁儿子竟无言以对。

要想防止孩子滥用手机，父母要树立好的榜样，并挤出一些时间来陪伴、关注孩子。父母要重视与孩子的沟通交流，建立良好的亲子关系，适时增强自己的网络素养，恰当处理孩子与手机的关系。千万别让手机、平板充当孩子的电子保姆，无论工作再忙，都不能忘记，父母的陪伴才是孩子人生中最大的财富。

●针对孩子的年龄采取不同的干预措施

对于读小学的孩子来说，父母对孩子使用手机或平板不宜强势打压。父母可以与孩子协商玩手机的时长、次数，违反时可采取承担家务为责罚手段。父母要对自己的情绪和动机有一个正确的认识，目标是"孩子停止玩手机"，而不是"孩子乖乖停止玩手机"。父母要试着理解孩子的感受，但自己的情绪、态度都要保持镇定。如多次管教无效，也不要吼骂、发火，平静地提醒孩子："再不遵守约定，就只能没收你的手机了。"

对于已经升入初中的孩子来说，可以适当干预，引导孩子合理用手机。孩子的成长需要自己的空间，父母要多陪伴孩子，关注孩子的心理和行为变化。进入青春叛逆期的孩子，不宜对孩子强制禁网或禁止孩子用手机，应进行委婉的教育和沟通，再和孩子一起协商、调整使用手机的规则，并引导孩子合理使用手机的正面功能，同时，培养孩子的兴趣点，纠正孩子对手机的依赖。

第6章

理性调节孩子
的网络社交行为

　　有网络就有社交，如今，孩子注册一个自己的社交网络账号成了很简单的事情。但父母该如何指导孩子正确使用社交网络？面对孩子不断地"刷屏"，父母不可因噎废食，这时父母需要做的是发挥好"脚手架"的作用，调节孩子的网络社交行为，并积极参与其中，默默地守护而不是一味地禁止。

1. 网络有风险，网恋需谨慎

窗前月正圆，远隔三千里，网上话缠绵，情丝一线连。

击键荧屏结谊融，朝朝暮暮话情浓。择期相约芳容见，小子原来是老翁。

两首有关网恋的小诗，形象地道尽了网恋的虚拟性。

很多父母为了工作而忙碌不停，没有时间与子女进行交流、谈心。有些父母即便对孩子表现出了关心，也只关心他们的学习状况，忽视了他们的心理感受，导致孩子内心孤独、精神世界空虚，进而在网上寻求慰藉。中学生发生网恋的例子已不在少数。

有一位中年男士曾这样说："有一段时间，我闲极无聊，就上网聊天玩，那些小女生真好骗啊，我说什么她们都信，还真以为我是个年轻帅哥，想约我见面呢。说实话，后来我自己都觉得自己很无耻，再也不忍心骗下去了。那些孩子真让人担心啊……"

也许，进入青春期的青少年能够通过网恋来发泄自己的情绪，得到一时的"快感"，但这仅仅是短暂的梦幻而已。网络本身是虚幻的，真真假假，正好给那些图谋不轨的人钻空子，他们利用人们对网络的美好憧憬而进行犯罪。

2017 年 3 月 28 日，一则"15 岁少女要和男朋友私奔"的视频引起千万父母的高度关注。这是发生在长沙高铁站的真实故事。在车站里，正要跟 20 岁男网友私奔的 15 岁的少女被从深圳赶来的父母及时拦下，少女急得抱头痛哭："等我长大他就结婚了。"

2018 年 7 月，家住重庆万盛的中学生阿花通过 QQ 认识了安徽阜阳的 25 岁的男子小刘。阿花发现小刘虽身患残疾，但很懂得关心人、很阳光，小花很快坠入爱河，7 月 20 日，阿花与家人大闹一顿后，离家出走，去了阜阳。万盛警方接到阿花的家人报警后，通过大量的工作，历时一个多月，奔波 5 千多公里，终于找到阿花。事后，阿花的父亲忏悔道："是我教育方式不到位，以后一定改正。"原来，阿花 5 岁时，父母离婚了，随后，阿花的父亲去了贵州打工，但却忽视了对女儿的教育。平时父女俩沟通很少，阿花逐渐走向自卑、自闭，便在网络上聊天谈恋爱。

这些年来，我们不断地看到有些青少年因为网恋、网婚而执迷不悟的报道出现。一项国内中学生网恋的专题调查显示，20% 的中学生有过网恋经历。一些青少年课余时间、深夜在网上谈恋爱，有的为了网恋而逃课。网恋不仅严重影响学习，沉迷网恋，还会导致与老师、同学之间的交流减少，使人的性格变得孤僻，甚至造成人格缺陷。一些青少年被网恋欺骗，受到沉重打击，没有得到及时引导，毁了美好的前程。

为此，父母应该提高孩子对网恋的风险意识。

● 让孩子认识到网恋有风险

针对青少年网恋造成的危害，专家提醒父母和孩子：恋爱不是这个年龄的事，少男少女的主要任务是学习，网恋一方面是舍重就轻，同时也因青春期的孩子缺乏辨别能力，轻易地去网恋，往往都是没有结果的悲剧。加之网恋有风险，网络中的虚拟的感情最终会随着岁月的流逝而逐渐淡去。

家庭教育学者贾容韬直言，青少年要多学习，多提高自己，多增加阅历，不要轻易地去网恋。"大多的网恋者都是把对方所谓的美好无限扩大了，其实是和自己幻想中的角色在谈恋爱呢。"

陆士桢教授早就告诫父母："网恋对青少年的风险高于其他人群，因为少男少女缺乏辨别能力，可能会被那些怀有恶毒目的的人骗色。""这个社会是复杂的，不能轻信别人，与人交往时必须要有防范意识。"

● 引导孩子正确认识情感问题

进入网络时代后，许多未曾谋面的少男少女，通过网络相识、相恋，不足为怪，更何况青少年情窦初开。孩子网恋与孩子沉迷网络是分不开的。有网恋的孩子，基本上都是沉迷网络的孩子。只要不痴迷于网络，网恋便难以产生。

网恋，堵是堵不住的。父母可以换个角度来想，这正是孩子长大了，有了情感需求的体现。父母要学会正确面对和接受，引导孩子健康发展，平时要关注孩子，了解其思想情感动向。如果网恋影响了学习，父母要把握孩子的网恋心态，帮助其分析网恋的利弊得失，明了网恋的利害，引导孩子正确认识网络中的情感问题，切忌伤害孩子稚嫩脆弱的情感。青春期的孩子就像透明的玻璃杯，父母一定要轻拿轻放，放下心态，真正走进孩子的心灵。

重视与孩子的交流沟通。从前面的案例中也可以看出，亲子间缺乏沟通，孩子心理缺少关爱，也是导致孩子到网上寻求心理安慰的重要原因。所以，平时父母还要多关心孩子的思想，多听孩子的心里话，重视与孩子的交流沟通。

● 帮助孩子走出网恋的幻影

父母发现孩子网恋时，要保持冷静，要明白，青春期的孩子正受着荷尔蒙的支配，对异性感兴趣再正常不过了。但要教育孩子对网恋有一个清醒的认识，走出网恋的幻影。

要教育孩子充分认识网络世界的虚拟性和危险性，时刻对网络保持高度的警惕，对网恋少一份迷恋，多一份清醒。

要提高孩子在现实中的交往能力，丰富孩子的业余生活，培养其广泛的兴趣爱好，丰富孩子的内心世界，多带孩子参加户外活动、集体活动，当孩子旺盛的精力被利用起来，自然就不会盲目沉迷于网恋了。

要教育孩子慎重地思考，不能整天沉迷于虚拟的网络情感世界。让孩子思考：学生的首要任务就是学习，网恋只会浪费大量宝贵的时间和精力，影响学习和情绪，甚至造成不可磨灭的阴影，为前途发展埋下隐患。

2. 网上聊天，不可全抛一片心

青春期的孩子上网交友聊天，说说心里话，交流感情，无可厚非。可是，如果痴迷于网络，缺乏自我保护意识，很容易惹祸上身。由于网络交友简单方便，不受时间地点限制，且网络社交具有匿名性，犯罪分子便可充分利用网络交友平台实施骗财、骗色等犯罪活动。家有青春期的孩子一定要注意！

2017 年 12 月 21 日，一名 14 岁的石家庄女学生为了与网友见面，花了三千元打车到秦皇岛。由于没有身份证，无法入住宾馆，她只好跑到秦皇岛河东派出所开具身份证明，在民警的再三追问下，才道出了事情原委。随后，民警联系上其父母，父母称孩子已经两天没有回家了，非常着急，已经在当地报警了。在父母的恳求下，派出所民警将女孩带到火车站，送上了通往石家庄的火车。

网上聊天只需要通过文字的交流，不需要通过眼睛认识对方。大家通过文字感受思想的交流，许多现实交往中的不利因素被屏蔽了，一个平时寡言少语的孩子也可以变得滔滔不绝，尽情地将深藏在心底的感情和欲望淋漓尽致地宣泄出来。许多面对面不敢说的话都会一吐而出。正因为如此，一些不怀好意的人隐藏别有用心的目的。许多与诈骗等社会丑恶现象都跟网络聊天发生了联系。

酷爱上网的李磊在网上结交了一位好友，两人见面后相谈甚欢，一时聊得兴起，不知不觉过了晚上十点。网友焦急地告诉李磊，他可能坐不上回家的车了。李磊非常爽快地邀请网友到他家将就一下，网友答应了。

李磊向爸爸妈妈谎称网友是自己的同学，搪塞了过去。第二天早上，网友很早就起床了，说是要赶头班车回去。李磊迷迷糊糊感觉有声响，也没太在意。过了一会儿，又听到开关门的声音。起床之后，李磊发现，桌上的笔记本不见了，爸爸放在客厅里的包也丢了。包里还有公司上百万元的欠账单及其他合同。李磊急忙追下楼，可是网友早就不见了踪影。爸爸急忙报了警，而此时李磊对网友的真实姓名等基本情况一无所知。

●提高安全防范意识

在网络聊天中，许多人会撒谎，掩藏其本身的面目，伪装出一副完全不同的面孔，这样的网上聊天具有潜在的风险性。难怪网上至今仍流传着一句漫画中的名言"在互联网上，没人知道你是一条狗"。由于网络的虚拟性，沉浸在网络聊天中的孩子很容易脱离现实，沉浸在虚幻中而不可自拔，甚至做出一些违反常理的举动，给自己，给家庭造成不可挽回的损失。在互联网这个虚拟的世界中，孩子们在尽情地表达和交流的同时，害人之心不可有，安全防范意识不可忘！

●让孩子学会把握网络交往的度

网络不只带给孩子春雨和阳光，也会给孩子的生活带来很多危害。由于网络的匿名性，很多人我们只闻其声不见其人，更何况，网络的认识是偶然的，即使说话的人伪装了自己的身份，也很难被发现，更何况是涉世未深的孩子！网络交往虽然可以丰富孩子的生活，但是过分的放纵，等于是让孩子置身于危险当中而不闻不问！

可见，网络交往一旦过度了，就会陷入危机。父母有必要帮助孩子把握好网络交往的度。建议父母：

①经常给孩子一些指导。青春期是形成价值观的重要时期，孩子上网时父母可以通过具体例子说明由于文化的差异、环境的不同造成价值取向的不同，避免孩子受到诱惑。

②让孩子做一些具体的事情。父母可以给孩子布置一些课题，让孩子通过网络来寻找答案。这样孩子在请教的时候就会有针对性了。

③告诉孩子交友要谨慎。父母如果一味阻止孩子去见网友，孩子肯定是不愿意的。父母应该和孩子好好进行沟通，让孩子知道，网络是虚拟的，里面有各色的人出现，交友一定要慎重。

● 让孩子理性面对与网友之间的关系

青春期孩子往往不懂得如何去结交网友，稍不留意就陷入了他人设下的圈套。虽然通过网络可以干很多事情，但网络毕竟是一个虚拟的世界，让人难以了解对方的真实面目，所以，不能把它当成是完全真实的世界，在结交网友时不能像现实中交友那样认真。现实中的朋友能为我们解决很多问题，为我们提供很多帮助，但网友也许只能使我们的感情有所寄托。在网上跟网友聊天时一定要掌握好分寸，千万不能轻易相信网友的话。

3. 网络社交 ≠ 现实社交

对于"00后"、"10后"的孩子来说，从呱呱坠地那一刻就已经坠入互联网中，电脑、手机等电子产品就伴随着他们的生活，当进入小学高年级、中学后，手机更成为不少孩子的"标配"。刷微博、刷抖音、聊微信，乃至最近流行的网上"淘课"，都已经成为"数字原住民"的日常生活方式。

然而，2016 年，英国伦敦大学国王学院曾经在一项针对 1000 名12 ～ 17 岁的青少年调查中发现，在社交网络伴随下成长的数字原住民，虽然不乏网络社交达人，但在这些青少年中，有 60% 在现实生活中感到孤独，不爱出家门，缺乏社交能力，有的孩子甚至"不敢接电话或应门"，女孩的孤独感更甚于男孩。这项调查的负责人对网络社交的青少年一代在真实社交中能力薄弱深感担忧，他认为，青少年的孤独感常伴有焦虑和抑郁，影响着青少年现实社交技能的发展，这项技能却又是难以教授的，因为他们在 10 ～ 18 岁期间就应自然而然地学会社交技能。

这种平时不善于与人沟通，心理压力承受能力弱，不能很好地承受压力而长时间过分关注人机对话，过分依赖网络，与现实脱节严重，与他人和社会的交往能力逐渐淡化，现实的孤独加上网络的情感交流无法积极地影响现实生活，性格变得孤僻的一种新型综合征，被称为"网络孤独症"。

很多父母也发现，孩子平时沉默寡言，但在手机上却跟别人聊得火热。

因而，很多父母担忧，网络交往会慢慢取代孩子现实交流，脸书网站也坦承，网络社交降低交流能力。微信、微博、网络社交工具在青少年中风行，乐在其中的孩子们走进了网络世界，却忽视了与父母、同学、亲友的交流。有的孩子在网络中言语风趣，在现实中仍然跟人面对面时却无从开口。孩子长时间陷入网络交往中，缺少了与他人面对面交流的机会，容易使其对外界刺激缺乏相应的情感反应，对亲友冷淡，把与别人的交往当成可有可无的事情，变得越来越孤僻，也就是说，网络孤独症会阻碍青少年的社会化进程。

"网络孤独症"的出现给我们敲响了警钟。青少年处在心智发展的重要阶段，切不可沉迷于网络交往，忽视现实交往。网络交往决不能代替传统交往。面对面的交往才能实现真正的情感互动和正面向上的情感力量。

● 网络交往不等于现实交往

网络社交是否百利而无一害呢？有人就不无感慨地说："社交网络亲近了陌生人，疏远了老朋友。"这则幽默背后蕴藏的危机不得不让人思考。沉溺网络社交的人与现实社会脱离，自我封闭，自我隔离，频繁地更换聊天对象，沉溺在网络中，简单重复交流的内容。这些都在一定程度上受网络孤独的心理状态的影响，这种现象值得警惕。

现实的人际交往不可少。孩子只有在与人交往和交流中才能发现自己的独特性，发现自己的长处和短处，更好地认识自己。互联网为孩子的交往提供了虚拟的平台和更多的可能性，但毕竟现实交往是网络交往无法取代的。即使孩子在网络交往中的群体再怎么庞大，也不会对现实中的人际关系产生实质性的影响。举例来说，你的微信群里有 180 个好友，但定期的双向交流对象也就只有 5 ~ 8 个人。孩子的网络交往数量的庞大和投入的时间量产生的只是人际关系上所谓的"虚假繁荣"而已，一旦离开网络后，孩子反而会感到莫名的空虚和失落。因此，要让孩子认识到，现实的人际交往是不可少的，哪怕网络交往已经成了孩子生活中的一部分。

● 规范孩子分阶段网络社交

银川某校初三学生小孙自初一有了自己的手机后，最初只是在饭后和写完作业看一会儿，但逐渐发现无法自控，有时半夜玩到一两点，节假日中能抱着手机一看就是一整天，消遣、打发时间。初二时，小孙开始玩手机游戏，接着，玩快手、刷抖音。提起学习，小孙直摇头："学不进去"，但对直播平台上的网红都有谁、内容有哪些却如数家珍。除了大量观看视频，小孙还发布自己的短视频。面对小孙的网络社交常态化行为，他的父母想过许多办法，可对在手机中越陷越深的孩子来说，丝毫没有效果，让父母感到非常无奈、无力又无助。

父母根据孩子的网络社交行为，有必要规范分阶段加以引导。在孩子小学毕业前，不宜让孩子加入社交平台，应尽可能地鼓励孩子通过面对面的交往方式培养属于孩子的人际关系。进入初中后，可以鼓励孩子在熟人社会范围内建立虚拟的交往平台，尝试网络社交。到了高中后，可以适当扩大网络社交的范围，如与校外或社会上的认识接触。当然，父母也需要从侧面了解和关注这种接触。

● 父母对孩子的网络社交要有理性的态度

对于孩子参与网络社交，父母应该理性看待，淡定处之。"数字原住民"的学习、生活、娱乐等，都要通过互联网来实现。父母不能因为害怕网络和网络社交的副作用，就不让孩子选择网络社交。父母要发挥"脚手架"的作用，调节孩子使用网络社交工具的行为，帮助孩子提高使用网络社交工具的水平，做到自律、自控。对孩子玩网络社交工具，父母要积极参与，正确引导，多跟孩子沟通、交流，态度要放松。

●利用网络的虚拟交往促进现实交往

网络交往和现实交往都是孩子人际交往的重要组成部分。父母要教育孩子，互联网只是孩子虚拟交往的一种工具，是现实交往的起点，而不是终点，不能被网络的表象迷惑，更不能泥足深陷，而应借助网络维护促进现实交往。

在虚拟交往的初期，孩子进入网络社交平台，如刚入一年级班级微信群的小学新生、初一的新生，彼此间比较陌生，有的孩子性格内向，通过微信群等网络社交平台，可以帮助孩子们轻松、直接地进行沟通，建立联系，彼此间相互了解，为班级同学群体间的交往打下基础，也能让孩子快速、便捷地找到归属感。随着网络交往的加深，例如，到毕业时，到走向社会时，这些网络上的"朋友圈"可以转化为孩子现实交往中的人际关系网。同时，父母也要鼓励孩子在学生时代，努力学习的同时，注重发展现实交往能力，发展同学、师生之间的友谊，真正打造现实生活的朋友圈。

4. 分辨网络社交的鲜花与陷阱

网络化的社会结构来临，人们更多的时间和精力都用于网络社交。然而快速成长的网络社会，对传统的人际交往和关系结构发起了挑战。一些孩子由于一下子找不到方向，从而出现了很多的问题。尤其对儿童和青少年身心健康所产生的负面影响告诉我们，网络世界不全是鲜花，网络社交欣欣向荣的同时，还有许多我们认识不清的各种形态的陷阱也随之涌现出来。从 QQ、MSN 到人人网、微博，再到陌陌、微信、米聊、遇见……各种带有一定科技含量的网络社交方式，我们做父母的肯定不会陌生，可你知道这些社交平台里的陷阱吗？

中学生张颖碰到过一件比较蹊跷的事情，正在国外留学的表姐晚上用 QQ 联系张颖，聊了些近况，提到国外信用卡的便利，就问张颖用的什么信用卡，张颖说未成年人不能办信用卡，妈妈才有，表姐好奇地让张颖发信用卡正反面的照片给她，要比较一下国内外信用卡的差别。张颖有点犹豫，就拨通了表姐的电话，结果表姐告诉她："我的 QQ 被盗了，你别被骗了！"。张颖很庆幸自己没有上传照片，但觉得很奇怪，为什么不法分子要信用卡的正反面照片呢？

原来，这是诈骗的一种手段。不法分子利用社交网络的人脉网络，让持卡人放松警惕。索要信用卡正反面照片是想从中获取信用卡的卡号、有效期和卡片背面末三位数字，进行网络支付。因此，要教育孩子不要轻易在任何社交网络中泄露自己的信用卡、银行卡的关键信息。

网络世界的虚拟性、无序性，决定了网络社交与现实社交的行为特征和方式都存在一定差异。据猎网平台对 2017 年网络欺诈事件的统计显示，社交平台已经成为骗局集中营。青少年在进行网络社交活动时，尤其要注意个人隐私泄露、财产被骗、生命受到威胁等风险。常见的网络陷阱有这么几种：

①冒充亲友诈骗。通过欺骗或冒充亲友等手段骗取受害人亲友的 QQ 号码、邮箱等网上联络形式，冒充受害人亲友向其借钱，借口"我是你妈妈的同事"等言语，骗取受害人信任并套取个人信息，诈骗其钱财。

②网游装备诈骗。不少青少年喜欢玩网络游戏，而诈骗分子常常在众多热门网络游戏网站向其兜售各种游戏装备、点卡等。当青少年将钱如数汇入对方账户后，对方即失踪。

③虚假中奖诈骗。通过网页弹窗、QQ 提醒、手机短信、网络游戏中奖等方式发送中奖信息，诱骗青少年访问虚假中奖网站，再以各种借口，如支付个人所得税、保证金等名义让你支付各种费用，有时明知会上当，但为了挽回先汇出去的款，被迫又汇附加费，一步一步走进对方的圈套中。

④网络钓鱼诈骗。它诱骗青少年泄露银行账号、密码、身份证号等个人机密资料，再以链接将青少年带到一个伪造得非常像合法网站的伪造网站，通过转账汇款、网上购物等方式获取不法利益。

⑤网络色情陷阱。色情是网络上的毒瘤，严重损害青少年身心健康。如某些社交 APP 中有"附近的人"及"摇一摇"的功能，常被利用于散播招嫖信息，有的涉世未深的孩子没有抵制住诱惑，掉入"陷阱"中。

网络社交的骗术多以网络外衣为隐蔽，抓住人们急于获利、渴望爱情、盲目的同情与坦率、追求刺激等心理弱点，才能屡屡得逞。利用人们的这些心理弱点实施违法犯罪，在生活中十分普遍，有了网络的掩护后更具迷惑性。

网络社交骗术和普通的诈骗并无本质上的区别。只要教育孩子保持戒备心理，掌握一定的安全防范知识，并不难识破。应教育孩子重点做到以下三点：

首先，不要轻易会见网友。由网络社交而引发的诈骗、盗窃和伤害案，大多数是在与网友见面后发生的。孩子在不了解对方底细的情况下，就去找网友见面是十分不明智的。

其次，提高警惕，做好自身的设防。要对网络恋情的两面性有足够的认识，对网友的甜言蜜语或编造的谎言不可轻抛一片心，时刻做好心理设防，避免上当受骗。

再次，努力克服心理弱点。遇到以下情形需特别当心：编造听似动人的故事博取你的信任和同情；以电子商务或网上赚钱为名，搞网络传销；将爱情作为幌子劫财劫色。

网络毕竟是虚拟的，但虚拟的终归要回到现实。虚拟的好感、虚拟的人际关系也要得到真实的生活检验后，才能成为真实的人际关系。所以，对待网络社交一定要谨而慎之。

5. 理性对待孩子网络社交偏差行为

随着社交平台和碎片化时代的到来，短视频越来越受到青少年的青睐。近几年中，快手、抖音、秒拍、小咖秀等以短视频为主的网络社交方式已经成为不少孩子的娱乐习惯。很多中小学生开始扔掉游戏，改刷抖音了。

很多"00 后""10 后"已经成为短视频的使用者。在"互联网 +"时代，不少父母感叹，当爹妈越来越难了。现在的孩子年级小，但是很聪明，很有个性，手机平板玩得呱呱叫，注册社交网络账号，拍视频传视频信手拈来。有时候父母都不懂，还得去请教孩子，所以在管教孩子的问题上哪里有说服力？

但是，请教归请教，管还是依旧得管才行。毕竟，未成年的孩子缺乏判断力和足够的自制力，父母单纯地寄希望于社交平台或其他的外部约束，一旦孩子出现网络社交偏差行为，悔之晚矣。

2018 年 8 月底，一则令人匪夷所思的"妈死求赞"的短视频在抖音平台上广为传播。女孩在抖音上的短视频中对着屏幕哭诉，还扮哭腔唱歌，屏幕下方写着："我妈被车撞死了，去医院晚了，今天火化了，我再也见不到她。求求你们，就给我一万个赞可以吗。"网络流传的视频截图上，出现了大大的几个字"直播哭丧"。

不知道这个孩子的父母平时是怎样教育孩子的？最亲、最爱的妈妈不在了，还有心情发抖音？用这种方式来表达内心的感受，这样的孩子是心理扭曲的。

此外，还有不少父母为孩子沉迷一些短视频社交平台而揪心，并为这些平台的"涨粉"手段而忿恨。他们认为，短视频平台的风行，让孩子形成了一种新型的网瘾，使孩子过早地面对他们这个年龄还看不懂的成人世界。武昌的刘女士发现，10 岁的女儿悦悦通过抖音等 APP，迷上了网聊，陆续进入 30 多个微信和 QQ 的广告群、红包群、兼职群等，跟多达近千人聊天。天津的黄女士下班后发现孩子画着浓妆，翘着兰花指，对着手机故作扭捏、抛媚眼，还不时地做出饮酒或娇弱行礼的动作，让黄女士感到极为震惊。浙江杜先生，无意中发现读四年级的女儿在与一名陌生男子聊天，语言带有猥亵意向。

青少年网络社交偏差行为的出现，引起了广大父母的警惕。这种偏差行为是多种因素综合作用的结果。

①与家庭教育有关。由于家庭教育的缺失，尤其是父母监护的失职，不能及时倾听孩子的感受和陪伴孩子，对孩子的网络社交缺乏管教，使孩子在网络世界走偏。

②与学校教育有关。让孩子远离网络，远离智能手机、平板，是违背潮流的事。但大部分学校对青少年的网络媒介素养教育的缺失，也使得青少年在网络世界中变得迷茫，乃至于受到伤害。

③平台管理不规范。网络社交平台审核不严格导致此类视频出现。对于青少年在网络社交中出现的偏差行为，学校、家庭、社会等各方面都应积极行动，采取措施加以化解，谨防青少年在网络环境中迷失自我。2018 年 8 月，国家网信办表示："要让网络短视频充满正能量，要把弘扬社会主义价值观贯穿短视频内容的策划、制作、审核、推荐的过程中，积极传播正能量，自觉抵制低俗不良内容，坚决屏蔽违法违规信息，为青少年营造一个积极健康、营养丰富、正能量充沛的网络视频空间。"

网络社交具有开放性和弱规范性，父母在纠正孩子网络社交偏差行为时，应做到以下几点：

①正确看待孩子使用社交媒体。社交媒体已经成为青少年与亲友及外部世界沟通的重要工具。同时，父母们也面临一道选择，对孩子上社交网站，该支持还是该反对？我们并不能因为少数事例就对孩子上网络社交一棒子打死，时代的潮流是无法阻止的。

上海一所重点中学的高一学生陈燕妍从三年前踏入初中起，妈妈宋女士就给她买了一部智能手机，帮她注册了QQ账号、豆瓣网和天涯论坛，每天更新动态、和朋友聊天，最近陈燕妍还尝试起写网络小说，将小说贴在QQ、朋友圈和天涯论坛里，并到百度贴吧、豆瓣等网站做宣传，收到了很多小伙伴送上的鲜花和留言。

陈燕妍的一举一动，宋女士都并没有做更多的干涉。她认为，"我们永远不能从自己的角度来看待孩子的世界，'00后'的孩子依赖社交媒体，数字化成长符合他们的'语境'，并给了他们选择的权利，如果强制剥夺只会让他们显得格格不入。只要孩子的成绩没有明显的下滑，以及她的三观正确、健康就可以，这是不干涉的底线。"

②对孩子的网络社交行为进行正确的指导。父母要对孩子参与网络社交进行"三观"教育的指导，把"三观"教育与网络社交平台结合起来，使网络社交真正发挥出传播正确的价值观、人生观、世界观的价值。如向孩子讲一些正能量的事迹等，使孩子了解、接受、学习和传递正能量。把"三观"教育纳入家庭教育中，长期执行，要把"三观"思想在网络社交潜移默化的影响下起到春风化雨的作用。

父母要教育孩子，参与网络交往，应该时刻谨记社会主义价值观，并落实到平时的实践中去；必须遵守法律法规、网络规范；给孩子正确的教导，不要拿工作忙、没有时间等理由作为父母没有管好孩子的借口；教育孩子在参与网络社交的过程中，要注意自己的行为带来的社会影响，事不可为则不为。例如，一些令人讨厌的网络社交行为，如没完没了的自拍照、晒房子、晒手表，无病呻吟求关注等。

③帮助孩子形成正确的"荣耀观"。孩子步入社会之前，接触最多的是家庭成员，大多数情况下，孩子的价值观能够直接反映出父母的价值观。父母的价值观在很大程度上影响着孩子。在日常生活中，父母会不知不觉地将自己的价值观转移到孩子身上，因此父母必须首先明确地设定生命原则和价值观。在青少年稚嫩的世界观里，什么是"光荣"，什么是值得炫耀的呢？孩子或许认为引起轰动、粉丝数量多、发布的视频点击量多是一件"光荣"的事，因此会通过发布一些博取大众眼球的"卖点信息"，获得满足感和荣耀感。要从根本上改变、杜绝这种现象，就要教会孩子明辨是非，知道何为真正的"光荣"，通过努力、通过奋斗来赢得他人的关注。

④让孩子掌握信息发布的规则。"互联网＋"时代，孩子也会成为信息的发布者和传播者，孩子的"责任感"是提升信息质量的基础。父母要让孩子懂得在社交媒体发布信息首先要遵纪守法，一言一行与其身份相符，尊重主流价值规范，不可给他人带来伤害。特别是孩子的社交账号的好友人数或关注人数达到一定数量时，更需要父母监管。

第 7 章

构建网络时代
新型亲子关系

　　大多数沉溺网络的孩子，其实病根并不在网络，而在于亲子关系。随着孩子成长的不断网络化，不断恶化的亲子关系使得亲子之间产生沟通障碍，亲子间的心理距离拉大，父母在孩子心目中的影响力被削弱，让许多父母越来越被动。迎接网络时代亲子关系的挑战，重建和谐的亲子关系，已经提上家庭教育的日程。

1. 构建新型亲子关系

出生于 2000 年后的网络原住民们，在知识信息面前，敢于挑战父母，表达自我，他们不会在意屏幕的另外一头是老师还是校长，血液中流淌着"平等"的意识。这也使得网络时代的亲子关系遭到了前所未有的挑战。

一是生活压力增大，导致亲子之间的交流减少。许多父母为了生活而不得不起早贪黑，为工作奔波，亲子交流少，久而久之，亲子之间心理差距越来越大，缺乏情感的交流沟通和相互理解。父母忽视与孩子的陪伴，没有真正去了解孩子，主动去倾听孩子，孩子得不到父母的亲情，感觉自己不能被父母接纳，心里的郁闷和不满积蓄日久，势必会破坏亲子关系。孩子心里的话无处倾诉，必然会去寻找沟通的对象，这是他们迷恋网络的关键。

二是孩子的平等、自主意识增强，渴望亲子之间的平等交流。在网络时代中，孩子接触的是一个开放的、多元的社会，孩子渴求得到父辈的尊重与理解，希望与父母能平等相处、平等交流，希望父母倾听自己的意见，考虑自己的感受。

三是亲子之间影响的双向性。在传统社会，所有事情由父母说了算，亲子关系倾向于父辈的主导性，方向是单一的。网络时代，亲子关系倾向于双向性。在这种环境下，有的父母感觉现在的亲子教育变难了，没有对策了。

确实，互联网的浪潮对传统的亲子关系产生了巨大的冲击，使得网络时代的亲子关系逐步解构和重塑，进入构建新型关系的新时代。"世界上最远的距离就是我们俩面对面坐着，你拿着手机，我拿着手机。"这句话充分地表达出网络时代亲子关系受到的挑战。

● "互联网 +"时代亲子关系面临的挑战

"互联网 +"时代，亲子关系面临着的挑战体现在：

亲子沟通出现了一层无形的屏障。很多父母觉得自己跟孩子间好像有一层不可逾越的代沟，有时连孩子的话都听不懂了。

亲子关系间出现明显的鸿沟。新媒介正在改变人们的生活，"00 后"们比父母更快、更早地学会了微信、微博、慕课等新媒体，有的父母甚至没有听说过这些应用，父母不得不向孩子请教和学习。亲子间出现了"数字鸿沟"。

媒介对孩子的影响大过父母。研究发现，青少年"三观"的形成，有90%的影响是来自于媒介而非父母，而媒介中又以新媒介为主体。

青少年获取信息的方式发生了改变。"00 后"们获取信息的第一渠道是网络，而父母仅排在第五位。

●亲子关系决定家庭教育的成败

亲子关系在家庭教育中的地位胜过其他一切教育，并决定着家庭教育的成败。青春期的孩子多以言语交流与父母互动，亲子交流具有日常性，其交流频率对于建立亲密的亲子依恋，建立孩子一生的安全感和幸福感具有重要意义。倘若父母把精力和关注的重点关注放在事业上，没有挤出时间陪伴孩子，亲子之间很难建立起足够的信任和依赖感。

如果父母能把亲子沟通的话题暂时从学习上转移开，和孩子聊聊时尚、娱乐，喜欢哪个明星、哪种服装，邀请孩子一起户外旅游或登山等，亲子关系可能更加融洽。

父母要学会换位思考，要蹲下身子，站在孩子的角度去分析、体验孩子的心理需求，真正理解孩子的行为，真正接纳孩子。父母可能会有这样的体会，孩子跟网友聊天特别起劲，兴奋快乐多了，反而跟父母没得话说。因为父母和孩子的想法完全不在一个路子上。所以，网络时代的亲子教育，需要父母到孩子的生长环境中去看待亲子关系。

●构建新型的亲子关系

网络时代，父母要培养出身心健康、全面发展、具有创造力的人才，应重塑网络时代新型亲子关系。建议：

注意交流。亲子之间的交流对子女的健康成长极为重要。很多父母感觉孩子不好教，感觉很迷茫，其实就是与孩子沟通太少。给孩子良好的教育，就要从亲子关系入手，和孩子多沟通，了解孩子多元化的交流需求。

达成共识。在亲子交流和沟通的基础上，就有关网络、QQ、微博、微信、电子游戏等达成共识，一起上网，共同讨论网络趣事，避免形成代沟。父母应虚心向子女学习，这样有助于增加双方的共同语言。

适当管控。采取多种措施对孩子的上网行为加以适当管控。帮助子女选择必要的绿色上网软件，过滤、检测并禁读"性""色情"等敏感字词；适当控制子女上网和用手机的时间；对孩子与网友约会进行了解和控制；适度控制孩子的网络交往等。

加强道德教育。青少年需要道德上的自律，提高自我道德素养。父母需要就孩子的网上道德规范对孩子进行指导，提高孩子的道德自律能力和对不良信息的免疫力，这也是孩子信息素养的重要要求。

2. 借助社交工具增进与孩子的沟通

网络时代，孩子的生活世界并不只有传统的父母、朋友、老师，还有更丰富、更多姿的网络世界，传统的亲子关系因此受到很大的冲击。亲子间的心理距离越来越大，父母看问题、处理问题的方式与孩子迥异。因此，家庭教育中难免会遇到各种问题。有了问题并不可怕，如果亲子双方能有效沟通，积极化解矛盾，也可以收到较好的家庭教育效果。

父母与子女的交流不仅仅是谈心聊天，与孩子共同参加活动也是交流的方式之一。然而，调查发现，不少的父母由于忙于事业，忽视与孩子一起活动。高达 42.6% 的父母一年内没有带孩子去过图书馆、博物馆，33.3% 的父母没有带孩子去过公园、大学校园，53.6% 的父母从未与孩子一起看电视、看体育比赛，还有 46.3% 的父母没有与孩子一起旅游。父母们每天陪伴孩子的时间，大多集中在一小时以内。上海市教科院一项抽样调查显示：仅 12% 的父母能做到每天与孩子交流半小时。

中国调查网组织的一项调查也显示，32.6% 的父母承认从不陪孩子聊天，42.6% 的父母下班时，孩子已经睡觉，33.1% 的父母很少陪孩子聊天，27.9% 的父母从不陪孩子出去玩，经常陪孩子玩的只有 24.6%。

也有的父母在亲子沟通上存在思想误区，他们虽然有时间，但是却没心情与孩子交流。因为在他们眼里，孩子就是孩子，自己的责任就是让孩子吃饱、穿暖，让孩子有好的物质生活。而交流是大人之间的事情，和孩子说些什么反而会让他们加重思想负担。跟孩子沟通就是要特意安排什么活动。这种思想很容易导致一些错位的亲子沟通的发生。例如，把天天和孩子讨论学习的问题当成是沟通的全部；觉得和孩子没话说；把自己的想法不厌其烦地唠叨强加给孩子，单方面的说教……

网络时代处理亲子关系，要求父母做好四个方面的工作。

①注重与孩子的双向沟通。父母要运用科学的教育方法和教育理念，学会与网络原住民沟通，改变目前零沟通、单向沟通和二重沟通的现状，学会倾听，了解孩子的想法和心理需求。切忌只重视自己的信息输出而不倾听孩子的想法的单向沟通。

②提升自身的媒介使用素养。父母学会对媒介的批判性思维，提高了自身媒介素养，才能在指导和管理孩子使用网络的过程中更有技巧和针对性。

③更加重视亲子关系状况。处理好孩子与网络的关系，首先就是要与孩子建立融洽的亲子关系。亲子关系融洽，往往孩子的网络素养也更高。

④要用开放的、宽容的心态对待网络。接受网络，尊重和理解孩子的上网行为，在生活中陪伴、引领、关注孩子，加强与孩子的沟通，与孩子共同成长。

社交网站是青少年非常热衷的一项网络服务。社交网站以其网站形式新颖的优势，很符合习惯"读图"的青少年的胃口，且青少年可以在社交网站上发表观点，为其提供了展现自我、被人关注和认可的网络环境，使他们获得了充分的话语权。且通过社交网站，发展同学友谊，还能帮助消除青少年在家庭中由于缺少玩伴形似"笼中之鸟"的孤独感。

父母可以将社交网站、微博、微信等即时通讯工具作为亲子沟通的方式，添加孩子的QQ、微信等，关注孩子的朋友圈，在上面与孩子一起聊天，无话不谈。当孩子跟你兴奋地谈论社交网站时，不要表现出反感的态度，或是拒绝倾听，这样会给孩子传递出"父母不愿了解自己"的信号。当孩子陷入社交网站时就会对父母的教育或制止产生抵触、抗拒的情绪，就会把父母的教诲当成唠叨。

　　既然孩子已经身与心都在网络世界，不妨就和孩子一起边玩手机边交流，从游戏中挖掘新发现，找到跟孩子交流的共同话题，这是亲子教育的根本。父母可以通过表情、肢体语言和话语的回应等方式，与孩子进行亲密的交流、对话，这种交流和对话，要真正能体现出真诚和平等，以发挥出亲子交流的最大效果。当你和孩子讲话时，他会很关注地听。而休闲活动可以促进亲子互动，并提高家庭生活的品质，一家三口一起游戏，一起做家务，一起运动，一起外出游玩、购物，一起读书、看电视、看视频，可以营造出一种温馨和睦的家庭氛围。

3. 运用同理心对待孩子上网

在网络游戏风行的"互联网 +"时代，孩子当游戏为知己，父母视游戏为洪水猛兽，在两种截然相反的世界观上，两代人相向而行。因此，父母在家庭教育中时常感到与子女间的距离越来越大，代沟越来越深。因此，家庭教育中难免会出现各种问题。

其实，亲子关系出现问题并不可怕，如果父母能与孩子有效沟通，很快就能化解矛盾，反之，如果亲子沟通不畅，小问题也会变成大问题。因此，"互联网 +"时代，父母还有一门必修的课程，即亲子沟通。

父母有时不能客观地看待孩子上网的问题，看孩子上网就断定孩子是想玩游戏了，这样做往往将网络的使用污名化了，反而更会引起亲子矛盾。父母只看到了孩子沉迷网络游戏后对身心健康和学习的影响，尤其是留守的孩子、缺乏良好的兴趣爱好和学习成绩不佳的孩子。对他们来说，父母如果强制性地要求孩子远离网络游戏，往往收效甚微，甚至结果适得其反。父母如果从"共情"入手，引导孩子正确对待网络游戏，将能取得不错的效果。

共情，是有效沟通的一个基本要素。共情，即父母要有一颗同理心，站在孩子的立场和角度去倾听和观察孩子上网的问题，感知和体会孩子的感受，即设身处地地用孩子的眼光来看待问题。父母总是想当然地认为成人看问题的思路和方式是正确的，有时即使知道孩子的感受和想法，也放不下自我。在教育孩子时，父母总是爱站在孩子的对立面上，下意识地去维护自己的权威，维护家庭教育中的控制权，但却仍然不能跟孩子共情。

●共情力可以促进亲子关系，提高道德素养

家庭教育专家指出，共情是一种非常有用的管教技巧，也是效果百试百灵的亲子沟通技巧。共情力非常重要，它能帮助父母科学看待孩子上网和玩游戏，更有效地解决问题。它可以抚慰悲伤的孩子，让父母言语更加理性而不是对孩子轻吐讥讽之言，有助于父母更贴近孩子的心理，紧密亲子关系，促进亲子合作。然而，共情力并没有得到父母应有的重视。

青少年孩子也需要被理解，父母需要经常表达对他的理解。父母可能深有体会，孩子还在上幼儿园时，就爱看动画片，如果强行关掉电视，孩子可能又哭又闹，耍脾气不吃饭。这时如果不是强行关电视，而是先向孩子表达对他想看电视的心情的理解，结果往往就能达成了。

用共情的方法和孩子沟通，设身处地地为孩子着想，更有利于孩子情商的发展。当父母与孩子处于同样的境遇下，才能感同身受，站在孩子的角度去思考和体验，才能达到效果，只讲道理孩子很难听进去。想了解他们，就要开动脑筋，想方设法，改变角色，设身处地地用孩子熟悉的方式去跟他们沟通，才能达到目的。当亲子之间的沟通渠道是畅通的，父母的教育才能直达孩子的内心。

●以开放的心态与孩子连体成长

网络的发展能促进亲子关系的发展，但利用不当也会给亲子关系带来伤害，关键要看父母与子女双方如何对待和利用。如果父母能用开放的心态和孩子一起上网，例如，一起查资料、玩游戏，不仅可以一起成长，也有助于促进亲子互动，与孩子和谐融洽。反之，当孩子能理智用网、适度用网，养成上网的好习惯，父母也会更省心、更放心。因此，互联网时代的亲子关系，需要父母与孩子连体成长。

媒介素养专家张海波表示，互联网已经渗入青少年学习、生活的各个层面，父母需要补上如何做好数字时代的榜样的课程。他认为，青少年痴迷游戏，不能单纯地靠堵，外界的诱惑永远存在，他建议父母们自我反思，自己对孩子的"感情账户"积累了多少资本，是否投入了足够的时间和精力。倘若孩子不能从生活中感受到父母的亲情、温暖，而只有父母的监督、指责、漠视，孩子自然会拥抱互联网。他建议父母向网游设计师"学习"，借鉴网游的"人性需求"设计，为孩子设定上网的规则、激发其上网的动机而不是盲目上网，给孩子一定的主动权、自主权，调整与孩子的沟通交流之道，将孩子上网从双方的"约定"变成孩子的"自定"。

● 帮助解开孩子的心锁

一旦发现孩子有迷恋上网、沉迷网游的趋势，父母要想办法转移孩子的兴趣，不要一味地说教和训斥。最好逐步培养孩子学会自制的习惯。青少年孩子毕竟心智尚未成熟，父母最好能与孩子携手同行，比如孩子上网时，父母可以在一旁关注，或者和孩子一起游戏，给孩子当"军师"，也可以和孩子轮换着玩，可以成为QQ好友，互相聊天，这样才能解开孩子的心锁，走进孩子的内心。

有这样一个案例：性格内向的陈伟，从小跟随在爷爷奶奶身边，不大善于与人交流，也不喜欢和爷爷奶奶讲自己的心事，就是喜欢上网。爷爷奶奶知道引导不当对孩子的成长不利，于是，从不上网的爷爷奶奶偷偷地学习上网，为了教育好孙子，两位老人坚持学习了三个月，终于学会了用QQ聊天、发微信朋友圈等。爷爷偷偷记下了孙子的QQ号，以陌生人的身份将孩子加为好友。在聊天的过程中，爷爷了解到孩子的内心世界，对于孩子心理的很多疑惑，帮他出点子。后来，陈伟在无意中发现了这个秘密，明白了爷爷的良苦用心，决定要好好学习，不辜负爷爷奶奶对自己的殷切期望。

　　父母一定要多抽出时间陪伴孩子，和孩子沟通，走进孩子的内心世界，加强亲子之间的感情交流。特别是对于沉溺在网络中的孩子，只要父母用心，求人不如求己，一定能从网络游戏的泥沼中挽救出孩子。

4. 调整好网络时代的亲子关系

父母都希望孩子能"听话"，可网络时代，已经破坏了传统的家庭教育方式和亲子关系，传统的亲子关系中孩子"听话"的时代真的一去不复返了。亲子关系逐渐转向了民主、平等基础上的对话交流和相互学习。

与此同时，在亲子关系重新构建的过程中，也不断出现了一些新的问题。如两代人的文化差异迥异，代沟扩大、亲子冲突加剧；一些父母为养家糊口奔波在外，无暇照顾孩子，逐渐淡出家庭，忙碌的生活使得亲子交流和沟通减少，家庭亲情缺失，父母和孩子间缺乏彼此了解和信任，不少孩子出现孤独感，使得亲子关系逐渐淡漠。即使父母在有限的时间与孩子进行交流，大多数也是围绕学习展开的，这种沟通由于忽视了孩子内心的需求，降低了亲子交流的质量，属于浅层次的沟通，未能触及孩子的心灵和思想。再加上进入青春期的孩子尽管已经有了独立、平等的意识，但有的孩子不能做到换位思考，理解和体谅父母，沟通交流的双方均以自我为中心，属于缺乏质量、缺乏沟通艺术的无效果沟通，被称为"伪沟通"。

《中美日韩网络时代亲子关系的对比研究报告》显示，亲子交流频率较低，是因为这种亲子交流的话题多是围绕学习展开的，比例高达71.8%。父母的做法，导致了孩子不喜欢与父母交流。其中，孩子认为父母不理解自己的占43.5%，父母总说自己是对的占35.4%，父母老说学习的事占 35.2%，总是批评孩子的父母占 27.0%，25.8% 的孩子认为父母唠叨。可见，在阻碍亲子交流的各种因素中，父母不理解孩子属于最前列。

网络时代的亲子关系的重建，是以亲子间的平等和民主为前提基础的。亲子互动是双向的，父母不能以自己的绝对权威限制孩子的发展，双方相互学习，相互成长，亲子沟通增强，孩子的自我管理实践增多，自我管理能力增强，将让父母从此放心、省心，不费心、少操心。

● 理解和尊重你的孩子

网络时代的家庭教育，更需要父母自我成熟，自我完善，自我反省。父母需要认识到学习并非孩子的唯一，还需要帮助他们调节好生活节奏，走出"伪沟通"。

孩子也渴望得到父母的理解，渴望父母尊重其人格和选择的权利，父母要懂得理解和尊重孩子，尊重孩子的个性差异，要把孩子看成是人格平等的人，善于把自己的角色定位转变为朋友的角色。著名教育专家孙宏艳指出，孩子感到不被理解，缘于亲子交流不能"同频共振"，即孩子想说、想听的话与父母的话不在一个频道上，各说各话，父母不能从孩子的角度来想问题，总觉得自己正确，围绕学习谈学习，使得亲子对话成为"伪沟通"。这种"伪沟通"使得亲子双方的心理距离逐渐拉大，缺乏亲密感。

因此，父母必须顺应网络时代亲子变化的潮流，逐步调整自己，使亲子沟通与孩子处在同一频道上。父母需要放下高高在上的姿态，蹲下来以平等的心态与孩子沟通，不要总是以自己的想法代替孩子的想法；父母要把孩子看成是一个独立人格的人，给予孩子充分的信任和关爱，不要轻易数落孩子的缺点，呵斥、打骂、讥讽孩子，允许孩子表达自己的观点和思想；认真倾听孩子的心声，从中了解孩子的思想，让他感觉到自己是受父母关注和尊重的。

研究发现，在民主型的家庭中，亲子双方的沟通交流明显高于专制型的家庭，孩子更容易接近父母，听从父母的指导。

● 主动倾听孩子的心声

为什么从前乖巧的孩子现在却不听我们的？正因为孩子"不听话"，让父母失去了沟通的耐心，觉得孩子的某些行为毫无意义，然后一厢情愿地把自己的方法强加给孩子。家庭教育和驯马之道有很多共通之处。我们可以想一想，驯马时是马通人性还是要人去通马性呢？

我们从蒙提·罗伯茨的驯马心得中也许能有所启发。蒙提·罗伯茨从小就生活在马场，他认为传统的驯马方式颇为粗暴，且对马的感情造成了伤害，这种维持了数千年的驯马方式需要改变。他认为，最开始接近野马，是驯服它最重要的一步，因此，他尝试用和马沟通的方式来驯服野马。62 岁的蒙提·罗伯茨决定到自然环境中找野马做实验，他骑着自己的马跟在野马后面跑了一天一夜，直到野马感觉蒙提·罗伯茨对它并无恶意，放松戒备之后，才逐渐放慢速度停下来，蒙提·罗伯茨才试着靠近，与马"交流"。他不断抚摸着野马的头部和背部，让野马渐渐适应他的抚摸，没有丝毫强迫的内容，慢慢地，野马由着蒙提·罗伯茨把马鞍放在了自己的背上，桀骜不驯的野马就这样被驯服了。其实，蒙提·罗伯茨这样做的过程，就是主动在通马性。

教育孩子和驯马之道很像，父母也要跟随孩子的方向，关注孩子，观察孩子，给孩子接受的过程，用孩子能接受的方式开始沟通，让孩子愿意接受你的想法和要求。这个"愿意"的过程相当关键。正如蒙提·罗伯茨在驯马过程中所有沟通技巧的运用，都是建立在他在追随野马的一天一夜的陪伴的过程中。一些父母缺乏耐心，没有考虑到孩子是不是愿意听就把自己的观念灌输给孩子。网络时代，不是让孩子来听我们，而是应该我们去听孩子。

●学会以孩子为师

为了自身的发展以及孩子的成长，父母不能停下学习的脚步，要以孩子为师，与孩子共读共写，亲子双方在民主、平等、对话的基础上共同成长、共同进步。与孩子一起阅读，父母在与孩子交流时就有了共同的话题；与孩子一起记录日记，记录家庭点滴，可以增进亲子关系；与孩子共同生活，可以陪伴孩子成长。

家庭教育专家朱永新表示："构建良好的亲子关系的过程，本身就是一个亲子共同成长的过程，没有父母的成长，就没有孩子的成长。在互联网时代，无论是学校还是父母都要与时俱进，让家庭教育在传承中更新、变革。"在这一点上，很多家庭教育专家的观念都是一致的。孙云晓也认为："父母需要树立向孩子学习、与孩子一起成长的新理念，才能有效地对孩子进行教育。"

其实，在网络时代，父母的权威只是在弱化，朝着更合理的方向发展。父母在向孩子学习的过程中，增强了亲子间的交流和沟通，缩短彼此间的感情距离；孩子在指点父母的过程中也会体会到彼此间的民主和平等，更有利于健康的亲子关系的建立。因此，父母以孩子为师，是父母睿智的表现。

5.多陪伴孩子，丰富孩子网下的生活

有的孩子苦闷地说："不愁吃不愁穿，就愁回家没有说话的人。"《解放日报》曾刊登了一则消息：上海市浦东新区牧阳人学校王心雨同学在"少代会"上提案说："我们呼唤钱以外的爱"。他说："父母整天忙于工作和应酬，与我们的交流很少，总认为给了钱就是给了我们爱。其实我们很希望能和他们沟通，让他们理解我们心里在想什么，来参加我们的集体活动，这是多少钱都替代不了的。我们呼唤钱以外的爱，真希望父母和我们谈谈心，哪怕吃顿饭也行。我爸爸一次家长会也没参加过，更别说学校举办的其他活动了，这让我很沮丧。他们什么时候能抽时间听我讲讲学校的事情，和我一起去大自然呼吸新鲜空气，陪我上街……只要有他们陪我，哪怕天天吃馄饨，没有新衣服穿我也高兴。"

孩子的呼声引起了父母的深思。一些孩子深陷网络，有两个原因与家庭离不开干系，一是孩子缺少父母的陪伴，二是父母不能进行正确的家庭教育。父母迫于竞争压力，忙于生计，忙于工作，往往会冷落孩子，没有时间顾及孩子的感情世界，孩子的内心孤独、寂寞，单调的学习生活让他们倍感空虚。网络正好迎合了他们的这种需要，从某种程度上说，是父母自己将孩子逼上了网络。难怪有的孩子会说："其实我们上的不是网，是寂寞，是父母对我们的忽视。"

　　家庭教育学者张楠伊表示，父母应该用有效的陪伴和正确的家庭教育，让孩子达到虚拟世界和现实世界的平衡。

　　《青少年蓝皮书——中国未成年人互联网运用和阅读实践报告（2017～2018）》显示，亲子关系在一定程度上影响着未成年人的互联网使用。对父母心怀芥蒂的孩子，会刻意躲避父母，选择在外上网，且上网时间较长，与父母亲密的孩子，会更多地用父母的手机上网，且多是在家上网。可见，父母与孩子的亲密程度，是孩子上网的第一道安全防火墙。父母要多陪伴孩子，多跟孩子沟通，培养共同爱好，增进亲子关系。

●陪伴是亲子关系的关键

　　父母的陪伴是家庭教育的关键，父母要陪着孩子一起成长。很多父母由于忙于事业，孩子就由老人来教育。老人对孩子的关注点多是孩子吃饱、穿暖的身体健康方面，但对于教育、学习、适应社会层面的关注比较欠缺，和互联网时代的要求有很大的差距。隔代教育很容易出现的问题就是：亲子关系在很大程度上受到了影响。

　　这里讲一个故事：有一个孩子，他的父亲是一名出租车司机，平时工作特别忙。春暖花开时，父亲答应孩子周末带他去放风筝，但是父亲一直没有兑现他的承诺，孩子没能实现他的愿望。于是，孩子就开始装病，说身上到处疼，让父亲陪着他，孩子的谎言其实是善意的。当父亲识破孩子的谎言时，他因为被耽误出车挣钱而非常生气。孩子之前从妈妈那里得知，爸爸一天的收入大概是三百块钱，于是孩子就开动了脑筋，他要用自己积累的压岁钱买爸爸的一天。

　　这个故事听着很让人心疼，父母再忙再累也要陪陪孩子。所有的教育、所有的影响，都是在陪伴中实现的。

●陪伴是转移孩子对网络的注意力的最好的方式

现在的孩子每天面对的都是教科书，过重的学习压力，让孩子们不堪重负，下课后，还要参加课外培训，兴趣活动相对缺乏。回家后听到的都是父母的唠叨，而唠叨的主题，永远还是学习成绩。单一枯燥乏味的生活，让孩子们的心灵毫无色彩。

缺少陪伴的孩子，网络成了孩子纾解心理问题、补偿孩子心理需求缺失的途径，而网络之外，孩子找不到其他替代的方式可以达到同样的目的，网络沉迷的发生成了必然。内心富足的孩子是不会沉迷到网络中去的，父母要想将孩子从虚拟的网络世界中"拔"出来，就应抽出一些时间来陪伴孩子，通过多种方式转移孩子对网络的注意力，设法培养孩子其他的兴趣爱好，将其兴趣引领到现实生活中来，让孩子的课外时间有事可做，用这样的方式减少孩子上网的机会和时间，活动从线上转移到线下，自然他们待在网上的时间就减少了。

在这方面，不妨学习英国的中小学生。英国大部分中小学生每天都会上 3 个小时左右的网，很少有青少年去网吧，网吧并不限制中小学生。那这些孩子是如何度过课余时间的？他们的作业负担很轻，但有着丰富的课外活动，如体育活动、音乐、绘画、参观博物馆等，孩子们尽情参与到各类课外活动中，其乐融融，没有谁想着上网。老师会给学生开列出课外阅读的书单，让学生课余阅读，增长知识。父母则在周末带着孩子上各种兴趣班而不是补习班。到了 16 岁，这些学生就开始打工。

父母可以尽量跟孩子在线下玩，在没有技术干扰的环境中去玩——投身户外活动，和现实生活连接。可以和孩子一起计划假期，周末全家人一起放下手机，有针对性地将孩子上网的时间转移到生活和学习上，引领孩子看书、玩耍，看电影、爬山、逛博物馆，让这些活动填充孩子的闲暇时间，充分享受属于亲子之间的快乐时光。孩子也更愿参与到丰富多彩的活动中来，和父母一起进行情感互动。这才是父母能给予孩子的高质量的陪伴。

第8章

健康上网，预防网瘾

　　"互联网＋"已经成为现代社会的基本特征。它以一种难以想象的魔力重塑整个社会的形态，也让无数青少年的命运得以改写，或在网络的助力下成长，或被淹溺其中而难以自拔。正如疾病在发生以后才想起治疗，终究会有些亡羊补牢的味道，而预防才会做到未雨绸缪，预防孩子网络成瘾也是如此。一旦发现孩子有了"网瘾"，千万不要对孩子全盘否定，需要冷静下来思考如何帮助孩子走出网络沉迷。只要方法得当，"小网虫"们可以利用网络，走向自己独特的成功之路。

1. 让田野不长"杂草"，最好种上"水稻"

网瘾，已经成了时下互联网时代需要高度警惕的可怕生物，在父母的想象中，它就是一个怪兽，吞噬着沉溺其中的、本来应该健康成长的孩子们。

其实，一个孩子对虚拟世界越依赖，就越能代表他内心的空虚。也就是说，就算有朝一日并没有网络去"勾引"孩子，孩子也会跟着另一样能让他躲避进去的事情跑，因为这逃避进虚拟的病根其实是孩子内心的空虚。

让我们来看一位初中生小伟的日记吧："我都不知道我的记忆里还有父母的存在，每天回到家，就像回到了一个空荡荡的屋子……"因为长期与父母见不着面，小伟经常连续几天窝在网吧不眠不食地，也不回家。很多时候，父母误以为孩子只要"吃饱了、喝足了、身体健健康康的，兜里有点零花钱就行了"，却不知道孩子到底需要些什么。

2018 年 10 月，有记者对鄂赣豫陕鲁等地农村的长期深入调研发现，部分青少年精神状况不佳，尤其是沉迷网络游戏、缺乏奋斗的动力，对未来缺乏信心等。一部分青少年被灰黑色势力拉拢，影响社会安定。这些问题孩子的出现，折射出农村青少年的家庭教育的缺失。农村家庭的年轻父母因忙于生计，南下闽浙苏粤深等地务工，隔代养育普遍，孩子的文化生活缺少营养，精神世界出现荒漠化，缺乏爱和引导，一些孩子进入初三后，由于学习竞争力加大，很容易失去学习的积极性，5 天的学校教育的效果被 2 天的周末"放羊式管理"抵消，出现"5+2=0"的现象，逃学、厌学现象普遍，因而转向虚拟世界寻求安慰。

精神生活匮乏、内心空虚，直接导致不少孩子课余时间和手机谈起了"恋爱"，沉迷网游，缺乏家庭的有效管束，甚至出现打架和偷窃等暴力违法犯罪。由于沉迷网络，逐渐脱离正常的学习、生活，失去了对音乐的兴趣，放弃了对篮球的爱好，和朋友少了一些交流……似乎上网玩电脑游戏成了他们唯一的爱好。他们更缺少的是生活的乐趣。

当一个人依恋的需求得不到满足、与家庭的亲密关系得不到满足，很容易心生孤独感、无助感。在这样的心理驱使下，许多孩子会借助虚拟的网络社交或游戏，获得一种安慰、理解和支持，以弥补现实生活中人际和亲情的缺失。沉迷网络反过来又使得孩子在现实生活中感到更孤独，缺少了原有的生活乐趣。想让田里不长"杂草"，最好种上"水稻"。

●让孩子吃饱精神大餐

预防孩子沉迷网游，让孩子从网络中受益而不是受害，不仅需要父母做好监管工作，还要设法为孩子创造丰富多彩的课外生活。

孩子的内心就像一块庄稼地，要让地里不生杂草，最好的方法就是种上庄稼。父母要在孩子的校外生活中，尽力让其把更多的精力放在有效的学习、户外活动和社会实践中，让他们吃饱"精神大餐"，孩子"吃饱了"，就不会闲到去网络中打发时间、消遣自己，自然提高对网络游戏和其他不良信息的免疫力。

孩子的成长需要多种营养，偏食会造成营养不良或营养过剩，孩子的精神成长过程中也需要多种爱好，才能充盈他们的课余生活。父母要帮助孩子走出对网络的依恋，走到阳光下，呼吸带有花香雨露气息的新鲜空气，阅读富有诗情画意的优美文章，聆听充满生命律动的高雅音乐，带着孩子多参加户外活动，多与生活中的人交往……

给孩子创设一个良好的环境，培养孩子的课余爱好

要想培养孩子的兴趣爱好，首要一点是要明白孩子的兴趣点在什么地方。当然，不能把孩子喜欢的都肯定下来，比方说玩游戏。孩子喜欢玩游戏，但父母绝对不能把玩游戏当作孩子的爱好来培养。但可以把玩游戏当成一个切入点，以此为突破口，引导孩子向好的方面转化。譬如，和孩子交流：你喜欢玩游戏的原因是什么？玩游戏最大的收获是什么？还有没有比玩游戏更有意义的活动等，让孩子明白：玩游戏仅仅是一种消遣，世界上还有比玩游戏更美好的事情值得我们参与。

平时，父母如果能多陪陪孩子，满足他们精神方面的需求，即使孩子迷恋游戏，也不会走到让父母无奈和伤心的地步。

为了帮助孩子培养兴趣爱好，父母要起到示范作用。有些爱好的培养是不用太花钱的，只要父母拿出点时间来，有些耐心和爱心就够了。例如，晚饭后，父母言传身教不妨静静地读一会儿书，然后把交流的话题放在所读的书上，孩子在这样的氛围熏陶下，就会逐渐爱上读书。休息日父母还可以和孩子一起打打球、下下棋、爬爬山等。

2. 破解孩子迷网，父母迷惘的困局

追溯互联网的历史，到 2018 年 9 月，互联网已经诞生 50 周年了。进入互联网时代，伴随互联网的普及而来的副产品——网瘾也一直成为萦绕在父母心头的大难题。

当然，我们并不能把孩子迷恋网络就跟网瘾直接就划上等号。网瘾是网络过度使用综合征的简称，在医学上是指由于上网者对网络过度依赖而产生的明显的身心异常症状，如食欲不振、头晕眼花、情绪低落、精力难以集中等，严重者可出现神经功能紊乱、抑郁症等疾病。而按《中国青少年健康教育核心信息及释义（2018 版）》对网络成瘾的界定，网络成瘾是指在无成瘾物质作用下对互联网使用冲动的失控行为，一般情况下，网络成瘾需至少持续 12 个月才能确诊。《中国互联网络发展状况》统计显示，截至 2017 年 12 月，我国网民规模达 7.72 亿，其中学生群体是上网的主体，占比高达 25.4%，网瘾高发人群，集中在 12 ~ 16 岁的青少年。另据一项调查研究显示：24% 的青少年时时刻刻都挂在网线上，甚至超过 50% 的青少年表示自己离不开手机了。

从已经产生网瘾的年龄来说，6 ~ 12 岁的小学生主要是对简单的电脑游戏上瘾，但这个年龄段的孩子容易被父母控制；但到了 13 ~ 18 岁，孩子已经进入初中高中阶段了，他们对更高级的网络游戏更容易上瘾，且由于已经进入青春期，叛逆、逆反心理是其主要特点，成瘾的可能性更大。

● 及时发现孩子沉迷网络的征兆

孩子沉迷网络，会表现出一些行为上的前兆。要预防孩子染上网瘾，父母就要提前做好预防工作。以下几个前兆可以帮父母"自诊"孩子是不是沉迷网络了。

孩子最初上网时，孩子可能玩半小时就满足了，随着时间的推移，孩子上网的时间越来越长。

除了上网对其他的事情丧失了兴趣。如孩子过去喜欢踢足球，或跟小区里的孩子一起嬉笑打闹，现在却对这些事情丧失了兴趣，每天只是宅在家里玩游戏。

如果父母不让孩子上网，孩子可能会有一些不良表现，如发脾气，甚至对父母动粗等，说明孩子对上网的控制力下降。

躺在被窝里玩手机或其他地方玩，或是以其他方式欺瞒父母，以达到上网的目的。

孩子在跟人吵架、打架或跟父母争吵后便钻进网吧等场所上网，说明他在用上网的方式回避悲痛、压力或其他负面情绪。

孩子成绩骤降，将自己与外部世界隔离开来，失去朋友。

● 上工治未病，网瘾的预防胜于治疗

古语云：上工治未病。高明的医生在疾病发生前就在会做好疾病的预防工作。网瘾的预防比治疗更加重要。

注重疏导，理性分析，注重生活教育。父母要找出孩子沉迷网络的根本原因，认清自己对孩子网络生活的监管责任。发现孩子沉迷上网后，不要一味禁止孩子在家中上网。父母要教育孩子理性分析网络与学习和生活的关系，教会孩子合理安排时间，并适时提醒孩子上网有度。让孩子控制上网并不是远离网络，而是合理控制上网的时间。有一个小学五年级学生，打某个网游的级别非常高，成了该网游的主播，但在他做了一次媒介素养调研员后发现，游戏主播行业不仅要会打游戏，还需要合理安排时间和储备广博的知识，不能沉迷游戏，成为游戏的奴隶。

父母要从孩子的上网行为中读懂孩子的内心，多关爱孩子，尽力让其感受到家庭的温暖和现实生活的丰富多彩，以成功和幸福的体验代替单调贫乏的体验。

发展亲子关系。易沉迷网络的孩子，多数出自缺乏温情的家庭。父母要和孩子建立平等的亲子关系。无论你的事业多忙，父母一定要至少有一人陪伴孩子，父亲在外的时间较多，但回到家中要多和孩子聊天谈心，陪孩子一起上网，一起做家务。

注重培养孩子的更广泛的学习兴趣。帮孩子培养一两种爱好或特长，培养更有积极意义的兴趣，鼓励孩子把精力和注意力放在兴趣爱好上，以丰富多彩的生活代替单调贫乏的生活，让孩子在网络之外健康成长。

耐心教育。父母要重视孩子心理素质的教育，告诉孩子，网络只是学习和娱乐的工具，作为学生的主要任务是学习，不要整天沉迷于游戏，不要成为网络的奴隶。不要因孩子对网络的一时迷恋全面否定你的孩子。

多带孩子走出家庭，投身户外活动，有空的时候多跟孩子沟通、交流。发现孩子沉迷网络时要及时纠正，避免孩子的学习成绩"坐过山车"。

父母要做孩子的好榜样。媒介素养专家建议广大父母要成为"三好父母"，这"三好"是指"好关系、好方法、好榜样"。父母自己也要有节制地使用手机、平板等。有的父母只图省事把手机给孩子玩，反而埋下了网瘾的祸根。

3. 内心富足的孩子不会被网"粘"住

李大钊言："青春者，人生之王，人生之春，人生之华也。"但是，我们怎样才能做到青春的"王"呢？

有些中学生有时会处于发呆和无所事事的状态中，因为他们觉得没意思，学习没意思，考试成绩那么差，学什么都没意思，看着别人忙忙碌碌，自己却提不起精神。于是，开始为了逃避现实而最终沉迷于网络游戏。不管是什么样的理由，当我们的孩子把大把时间挥霍在网络游戏上时，孩子的青春会越来越难以抵挡现实的撞击。

2018 年 10 月 12 日，中央电视台《焦点访谈》栏目对当下许多沉迷手机的留守儿童无所事事沉迷游戏的现象进行了特别报道。镜头对准了河南扶沟县 13 岁的小光。小光原本是个品学兼优，奖状满墙贴，让父母骄傲的孩子，自从一年前，走进手机游戏的世界后，便被游戏中的场景的巨大吸引力而诱惑，终日沉溺在游戏的打打杀杀中难以自拔。曾经的那种由学习带来的成就感和愉悦感也和小光挥一挥衣袖，不带走一片云彩了。原本务工在外的小光的妈妈回到家中，仍无济于事，那整面墙的奖状，反而令小光妈妈难过。如今的小光，对于现实世界的追求已然无存，打算初中毕业以后不再上学了。

然而，像小光这样的情况在当地并不是个例，央视记者在村子里发现，到处都是玩游戏的孩子，他们说："喜欢玩游戏，上瘾，停不下来的感觉。"这些孩子有一个共同点：都是留守儿童，父母常年在外务工，玩游戏未必是他们的爱好，只是因为无所事事。

《青少年成瘾行为调研报告——基于 2017/2018 青少年健康行为网络问卷调查数据分析》显示，青少年在玩游戏的时间上，留守的孩子要远远高于非留守的孩子。专家分析，当前农村的空心化、留守化现象严重，主要是因为隔代教育对于青少年的管理和培养，不可能像父母那么精细，对孩子的不规范行为难以发现，即使是发现了也缺乏有效的管理办法。

沉迷网络游戏，不仅影响到青少年是否能成长为健全的人，更影响到他们的个体人格、价值观和未来的人生。父母要让孩子的生活有游戏，又要从游戏的幻境中清醒过来，明白生活虽然有游戏的刺激，但又不只有游戏。

●将孩子的注意力转移到学习中

沉迷网络的孩子大多在学习上表现较差，这些孩子面对激烈的竞争，缺乏奔跑的动力，或缺少正确的学习方法，缺乏学习成功的快感和节奏感。父母要把孩子的注意力从网络上转移到学习上来。

孩子们急需一个既能好好学习又能自在放松的地方，父母可设法增加学习之外的业余活动时间，突破孩子现阶段要么学习，要么上网的单一生活模式。可以积极培养兴趣爱好，丰富课余生活，提升自我价值，使孩子的注意力从网上转移到网下。如带领孩子打球、游泳、登山、旅游、做手工、玩电器拆装、模型制作等，逐步转移孩子对网络游戏的注意力，使其明白现实生活原本就是丰富多彩的，不是只有网络游戏才能给他带来快乐和成就感；二是在"玩"中发现孩子的兴趣所在，从兴趣教育中引出孩子的梦想，帮助孩子厘清人生的发展之路，选定人生目标，并坚定不移地走下去。

●内心富足的孩子不会沉迷游戏

内心富足的孩子更能成就精彩的人生。很多父母整日为孩子沉迷网络纠结不已，本质上都是孩子缺乏心理营养，内心匮乏的表现。孩子如果缺乏心理营养，当他遇到能给他心理营养的互联网时，孩子对在网络社交和游戏中建立起来的人际关系和从中获得的心理营养往往就会失去抵抗力。网络社交、手机游戏等，固然有吸引青少年孩子的设计，但这种"瘾"却是很容易破除掉的。而真正难以接触的是孩子内心的"瘾"。要想孩子放弃游戏，就像在沙漠中，人为切断他的饮水供应，他肯定不会愿意的。

父母要争取做孩子的朋友，致力于创造温馨、幸福的家庭，创造和谐、亲密的亲子关系，让孩子感到家庭的温暖和父母的爱，从家庭中获得安全感，从而真正获得充足的心理营养。而能给予孩子心理营养，让孩子的内心真正富足的人，就是父母。因此，父母首先要补足心理营养。

不但要教育孩子正确认识和对待电子游戏，还要教育其发挥团结互助的精神，帮助那些沉迷游戏的孩子，回归到正常的生活和学习中来。

●培养富足的孩子，离不开爸爸的角色

有调查表明：在 55.8% 的家庭中，是母亲在日常陪伴着孩子，也就是说，大部分的孩子，在成长过程中缺失了父亲的陪伴。父亲在忙于工作，忙于刷微信，忙于各种聚会，飞来飞去和各种应酬。很多父亲把工作当成了自己的责任，男主外，女主内的思想根深蒂固，忽视了自己在教育孩子中的角色。父亲的角色，是教育孩子、为孩子指出通往世界之路的人。父亲的角色的缺位，导致了孩子性格的叛逆，也是孩子沉迷于网络游戏的一个重要诱因。

内心富足的孩子，离不开父亲的陪伴。这种陪伴，不是只是要求父亲陪在孩子身边，而是要"蹲下来"，放低身段，走进孩子的内心世界。在父亲陪伴下成长的孩子，内心富足，性格独立，情绪稳定，更具有安全感和正确的价值观，有足够的底气和信心面对学习和生活中的各种困难，有承担责任的勇气和能力，可以适应各种环境的考验。

这一点，姜文导演就为父母们树立了榜样。姜文有两个儿子，而作为导演兼演员，他确实很忙，顾不上家和孩子，两个儿子交给爷爷奶奶带着，都很骄纵。这让姜文意识到了自己没有尽到父亲的义务。于是，他辞了片约，带着儿子到新疆磨炼了半年多，住着简陋的民房，喝着浓膻的马奶，在旷野中暴走，艰苦的生活磨炼了孩子的性格，姜文全程在野外陪伴着孩子。三人归来后，朋友们都发现两个孩子变得健壮了，也感叹着孩子的勇敢和坚强。

有些孩子喜欢玩手机游戏或 iPAD，似乎在虚拟世界中找到了快乐。这时，父母需要带着孩子去体验不一样的生活，哪怕是苦难的营养，当孩子感受到生命力的体验越多的时候，他内心就是富足的。

4. 良好的家庭氛围，收住孩子的心

　　为了让孩子走出网络"厮杀的战场"，有的父母在电脑上安装了上网过滤软件，设置复杂的密码；有的家中有电脑和网络，但父母只是自己工作专用；有的父母为了阻止孩子去网吧上网，不给孩子零用钱，或不让孩子出门……但很快就发现，这样做终究是治标不治本的，密码和大门虽然可以阻止孩子触网，但关不住孩子渴望自由的心和探知未来世界的好奇。相反，这种做法对于青春期叛逆的孩子来说，还成了一种反向推动力，会将他们逐渐推入网络的陷阱。

　　很多沉迷网络的孩子，都有家庭关系不和谐、家庭结构残缺的问题。沉迷网络的孩子中，往往存在家庭的残缺或父母关系的恶化，比如父母长期分居、吵架、闹离婚、父母离异、父亲或母亲一方过世或长期不在家中等。营造和谐的家庭环境，对于孩子上网习惯的养成有着非常重要的影响。

　　小莉聪明伶俐，活泼热情，在班里成绩也不错。进入小学五年级后，每天一回家就打开电视机，看起动画片。这时，妈妈在一旁提醒："小莉，怎么回来就看电视，快去写作业！"小莉只好不情不愿地关掉电视去做作业。等做完作业了，妈妈还要布置她阅读一些课外书或练习钢琴。

　　小莉的妈妈是一位小学老师，小莉从来都看不见妈妈在家备课、批改作业。小莉每次做完作业，打开电视后，妈妈就和她抢电视频道。而当小莉上网时，妈妈也会抢着用电脑上网聊天、打游戏。母女俩有时还会因为抢电视或电脑而发生口角。

小莉嘟着嘴问妈妈："凭什么你能看电视、上网，却不让我用？"

妈妈叉着腰对小莉说："你的任务是学习，上网、看电视会耽误学业，将来没出息。"

小莉的爸爸在一家公司做会计，每天晚上到家都很晚，小莉原以为爸爸在加班，后来发现爸爸能下班准时回家了，然而他一到家就在家里张罗起来，原来他是在为晚上家里的聚会打麻将做准备。妈妈不喜欢打麻将，于是，家庭"战争"时常爆发……父母不断地吵架。

这个案例中，父母的矛盾给了我们几点启示：爸爸根本就不关心孩子的学习，更不要说给孩子创造一个良好的家教环境了；妈妈身为教师，却不能以身作则，只是一味地强调孩子该学习，粗暴武断，也起不到很好的教育作用。父母如此行为，怎么能对孩子起到良好的教育作用？

每个孩子生活和成长的家庭环境不同。有的孩子生活在优越的家庭环境中，却缺乏对自身的认同，有些孩子缺少家庭的归宿感，有的只是痛苦的经历和难以排解的郁闷；在这两种家庭环境中成长出来的孩子都喜欢到网络上寻找快感，沉迷于网络游戏。

●创设良好的家庭环境

家庭环境与孩子沉迷网络成瘾有着很大的关联，这一点尤其需要引起为人父母者的足够重视。父母要为孩子营造出温暖、民主、宽松的家庭环境，让孩子在家里有一种很舒服的感觉。父母们应从以下六个方面入手，创设良好的家庭环境。

①营造和谐的家庭环境。营造和谐的家庭环境，对于孩子健康成长起着非常重要的作用。一个温暖幸福的家庭环境胜过万种良药。周末父母可以带孩子出去游玩，忘记现实的烦恼，逐渐让家的温暖代替网络营造的"世界"。

②学会与孩子有效沟通。对孩子来说，最有效的管理方式莫过于平等的沟通。强硬的手段只会助长他们的叛逆。许多孩子与父母很少沟通，特别是沉迷网络后，进一步恶化了与父母的关系，父母对孩子沉迷上网只是一味指责或管教更为严厉，丝毫无益于亲子沟通的改善。父母要尝试如何有效地与孩子沟通、与孩子做朋友。

③家庭管教方式要恰当。管教过于宽松，会使孩子缺乏监管，但管教过于严厉，又会导致孩子与父母的对抗。父母的过度管制或管制不到位，都会造成孩子沉迷网络。父母还要审视孩子的朋友，鼓励孩子远离那些有恶习的朋友，去结交阳光的朋友。

④不要给孩子过大压力。不少从前学习成绩优秀的孩子，因为父母的高要求、高期望，而躲避进网络的港湾。孩子学习已经非常尽力但成绩不尽如人意时，就会遭到父母的训斥。过大的压力使孩子不堪重负。

⑤满足孩子的精神需求。一些父母只是片面注重孩子的物质生活，注重孩子的学习，却忽视了倾听孩子的心声，满足孩子的精神需求，比如成就感、家庭的温暖等，以致于使孩子转向网络以寻求精神满足。

⑥重视孩子的心理健康。父母往往只看到孩子沉迷于网络的表象，却忽视了孩子可能存在的心理障碍，比如冷漠、偏执、抑郁、缺乏抗压力等，有的孩子存在其他的行为偏差，如逃避现实、厌学、逃学、过早与社会上的不良人员交往等。因此，父母还要重视孩子的心理健康、性格和人格培育。

用满满的爱呵护孩子的成长。温暖有爱的家庭环境，家人之间互相关爱，孩子心中才有安全感，在充满爱的家庭环境中成长的孩子，内心充满力量，孩子勇于追求自己的内心，不怕失败，孩子的教养也不会差。正如《小猪佩奇》中的佩奇和乔治，生活在充满爱的家庭环境中，自由自在的成长。父母的爱会让孩子收获笑容，家庭充满甜蜜温馨，孩子自然不会到网上去找寻心理的安身之所了。